中流自在心

季羡林谈修身养性

季羡林 著

重庆出版集团 重庆出版社

图书在版编目（CIP）数据

中流自在心：季羡林谈修身养性 / 季羡林 著. —重庆：重庆出版社，2013.7（2015.9 重印）

ISBN 978-7-229-06708-3

Ⅰ.①中… Ⅱ.①季… Ⅲ.①个人—修养
Ⅳ.①B825

中国版本图书馆CIP数据核字（2013）第137241号

中流自在心
ZHONGLIU ZIZAIXIN

季羡林　著

出 版 人：罗小卫
策　　划：华章同人
出版监制：陈建军
责任编辑：徐宪江
营销编辑：高　帆
责任印制：杨　宁
封面设计：主语设计

重庆出版集团
重庆出版社　出版

（重庆长江二路205号）

投稿邮箱：bjhztr@vip.163.com

三河市宏达印刷有限公司　印刷
重庆出版集团图书发行有限公司　发行
邮购电话：010-85869375/76/77转810

重庆出版社天猫旗舰店
cqcbs.tmall.com

全国新华书店经销

开本：880mm×1230mm　1/32　印张：8.125　字数：150千
2013年9月第1版　2015年9月第5次印刷
定价：32.00元

如有印装质量问题，请致电023-68706683

版权所有，侵权必究

编者的话

读季老之文,最深切的感受莫过于其朴质与直白,所谓"返璞归真",大抵如是。

终其一生,季老勤于修身养性,保持内在平和,为人处世及工作生活无不豁达得体。提起季老的品德修行,常常让人想起一句话——"谦谦君子,温润如玉"。能达到如是境界,认真说起来其中也没什么"秘诀"——古代先贤早已有云:"食饮衣服,居处动静,由礼则和节,不由礼则触陷生疾。"有感于此,编者特地搜集遴选季羡林先生关于修身养性、培养心智的文章,结集成册,希望读者能够从季老的人生感悟和谆谆教诲中获得指导个人生活的智慧,做一个懂生活的人、有修养的人、高素质的人、好心态的人。

全书六十余篇文章,按所述主题分为四辑:

第一辑以"人必自爱而后人爱之"为题,辑录了季先生关于个人修养、人文素质、人际交往等方面的文章,比如谈容忍、谈礼貌、谈自省、谈惜时、谈做人处世……

第二辑"有所为，有所不为"选编了季老谈道德与品质的文章，如谈孝道、谈尊师、谈公德、谈说谎、谈趋炎附势等等，表达了季先生对于伦理道德、意志品质和未来教育的看法；

第三辑以"纵浪大化中，不喜亦不惧"为题，展现了季老对人间的世态炎凉、人生的毁誉祸福、个人的生死穷通的豁达心态；

第四辑"愿生生世世为中国人"选编了季老关于爱国主义的文章，在这些文章中，季老稽古论今，援引时贤，漫谈中国精神，传统文化，国人民族性等等，对何谓真正的爱国，怎样才能成为一个真正的中国人，真正的知识分子应持有何种"爱国主义"，写出了他的看法和对国人的叮咛激励，其赤子之心拳拳可见。

以上四辑主题的划分，只是出于方便阅读的考虑。实际上，修养、品质、心态、爱国四个方面是紧密交织、互为基础和促进的，而全书所有篇章风格统一，均渗透了季羡林先生对人生重要问题的思考与感悟。

书名取自季羡林先生生前好友、著名国学大师饶宗颐先生的名句"万古不磨意，中流自在心"。编者以为这两句诗正是季老一生砥砺于道德修养而达到"从心所欲不逾矩"之人生修养化境的写照。先儒荀子曾说"君子博学而日参省乎己，则知明而行无过矣。"愿各年龄层读者都能从此书中汲取滋润心灵的养分，获得生活智慧，提升修养境界，以不负先生写作这些文章时的苦心，也使编者的汗水具有些微社会意义。

编者

2013.8

目 录

第一辑 人必自爱，而后人爱之——关于修养

老少之间 / 003

容忍 / 006

三思而行 / 009

漫谈消费 / 011

牵就与适应 / 016

一寸光阴不可轻 / 019

做人与处世 / 022

修养与实践 / 024

希望21世纪家庭更美好 / 029

老年十忌 / 032

谈礼貌 / 049

反躬自省 / 051

满招损，谦受益 / 060

老年四"得" / 063

难得糊涂 / 066

从小康谈起 / 069

同胞们说话声音放低一点 / 072

第二辑　有所为，有所不为——关于品质

尊师重道 / 077

漫谈撒谎 / 079

趋炎附势 / 083

谦虚与虚伪 / 085

我们为什么有时候应当说谎 / 088

道德问题 / 090

谈孝 / 093

坏人 / 095

论说假话 / 097

有为有不为 / 099

漫谈伦理道德 / 102

慈善是道德的积累 / 112

公德（一）/ 115

公德（二）/ 119

公德（三）/ 121

公德（四）/ 124

寅恪先生二三事 / 126

漫谈"毫不利己，专门利人" / 134

第三辑　纵浪大化中，不喜亦不惧——关于心态

赞"代沟" / 139

忘 / 143

傻瓜 / 148

世态炎凉 / 150

毁誉 / 153

长寿之道 / 156

缘分与命运 / 159

论压力 / 162

不完满才是人生 / 164

走运与倒霉 / 167

长生不老 / 169

我的座右铭 / 171

知足知不足 / 173

隔膜 / 177

论"据理力争" / 180

糊涂一点，潇洒一点 / 184

死的浮想 / 187

辞国学大师、辞学界（术）泰斗、辞"国宝" / 190

三进宫 / 194

笑着走 / 204

第四辑　愿生生世世为中国人——关于爱国

寻根漫谈 / 209

陈寅恪先生的爱国主义 / 211

谈中国精神 / 220

我和北大 / 224

中国的民族性 / 230

漫谈出国 / 233

一个真正的中国人，一个真正的知识分子 / 236

爱国与奉献 / 246

再谈爱国主义 / 249

第一辑 人必自爱，而后人爱之——关于修养

现在我们中国人的容忍水平，看了真让人气短。在公共汽车上，挤挤碰碰是常见的现象。如果碰了或者踩了别人，连忙说一声："对不起！"就能够化干戈为玉帛，然而有不少人连"对不起"都不会说了。于是就相吵相骂，甚至于扭打，甚至打得头破血流。我们这个伟大的民族怎么竟变成了这个样子！我在自己心中暗暗祝愿：容忍兮，归来！

——《容忍》

如果一个人孤身住在深山老林中，你愿意怎样都行。可我们是处在社会中，这就要讲究点人际关系。人必自爱而后人爱之。没有礼貌是目中无人的一种表现，是自私自利的一种表现，如果这样的人多了，必然产生与社会不协调的后果。千万不要认为这是个人小事而掉以轻心。

——《谈礼貌》

老少之间

在任何国家,任何时代的任何社会里,都会有老年人和青少年人同时并存。从年龄上来说,这是社会的两极,中间是中年,这样一些不同年龄的阶层,共同形成了我们的社会,所谓芸芸众生者就是。

从社会方面来讲,这个模式是不变的,是固定的。但是,从每一个人来说,它却是不固定的,经常变动的。今天你是少年,转瞬就是中年。你如果不中途退席的话,前面还有一个老年阶段在等候着你。老年阶段以后呢?那谁都知道,用不着细说。

想要社会安定,就必须处理好这三个年龄阶段之间的关系,特别是社会两极的老年与少年的关系。现在人们有时候讲到"代沟"——我看这也是舶来品——有人说有,有人说无,我是承认有的。因为事实就是如此,是否认不掉的。而且从某种意义上来说,有"代沟"正标明社会在不断前进。如果不前进,"沟"从何来?

承认有"代沟",不就万事大吉。真要想保持社会的安定团

季羡林先生在书房工作

结，还必须进一步对"沟"两边的具体情况加以分析。中年这一个中间阶段，我先不说，我只分析老少这两极。

一言以蔽之，这两极各有各的优缺点。老年人人生经历多，识多见广，这是优点。缺点往往是自以为是，执拗固执。动不动就是：我吃的盐比你吃的面还多，我走过的桥比你走过的路还长。个别人仕途失意，牢骚满腹："世人皆醉而我独醒，世人皆浊而我独清。"简直变成了九斤老太，唠唠叨叨，什么都是从前的好。结果惹得大家都不痛快。

我现在这里特别提出一个我个人观察到的老年人的缺点，就是喜欢说话，喜欢长篇发言。开一个会两小时，他先包办一半，甚至四分之三。别人不耐烦看表，他老眼昏花，不视不见，结果如何，一想便知。听说某大学有一位老教授，开会他一发言，有经验的人士就回家吃饭。酒足饭饱，回来看，老教授的发言还没有结束，仍然在那里"悬河泻水"哩。

因此，我对老年人有几句箴言：老年之人，血气已衰；刹车失灵，戒之在说。

至于年轻人，他们朝气蓬勃，进取心强。在他们眼前的道路上，仿佛铺满了玫瑰花。他们对任何事情都不畏缩，九天揽月，五洋捉鳖，易如反掌，唾手可得。这是一种非常可贵的精神，只能保护，不能挫伤。然而他们的缺点就正隐含在这种优点中。他们只看到玫瑰花的美，只闻到玫瑰花的香；他们却忘记了玫瑰花是带刺的，稍不留心，就会扎手。

那么，怎么办呢？我没有什么高招，我只有几句老生常谈：老年少年都要有自知之明，越多越好。老的不要"倚老卖老"，少的不要"倚少卖少"。后一句话是我杜撰出来的，我个人认为，这个杜撰是正确的。老少之间应当互相了解，理解，谅解。最重要的是谅解。有了这个谅解，我们社会的安定团结就有了保证。

1994年7月3日

容忍

人处在家庭和社会中,有时候恐怕需要讲点容忍的。

唐朝有一个姓张的大官,家庭和睦,美名远扬,一直传到了皇帝的耳中。皇帝赞美他治家有道,问他道在何处,他一气写了一百个"忍"字。这说得非常清楚:家庭中要互相容忍,才能和睦。这个故事非常有名。在旧社会,新年贴春联,只要门楣上写着"百忍家声"就知道这一家一定姓张。中国姓张的全以祖先的容忍为荣了。

但是容忍也并不容易。1935年,我乘西伯利亚铁路的车经苏联赴德国,车过中苏边界上的满洲里,停车四小时,由苏联海关检查行李。这是无可厚非的,入国必须检查,这是世界公例。但是,当时的苏联大概认为,我们这一帮人,从一个资本主义国家到另一个资本主义国家,恐怕没有好人,必须严查,以防万一。检查其他行李,我决无意见。但是,在哈尔滨买的一把最粗糙的铁皮壶,却成了被检查的首要对象。这里敲敲,那里敲敲,薄薄的一层铁皮绝藏

有容乃大
天人合一

季羡林
05 11月
乙酉

不下一颗炸弹的，然而他却敲打不止。我真有点无法容忍，想要发火。我身旁有一位年老的老外，是与我们同车的，看到我的神态，在我耳旁悄悄地说了句：Patience is the great virtue（容忍是很大的美德）。我对他微笑，表示致谢。我立即心平气和，天下太平。

看来容忍确是一件好事，甚至是一种美德。但是，我认为，也必须有一个界限。我们到了德国以后，就碰到这个问题。旧时欧洲流行决斗之风，谁污辱了谁，特别是谁的女情人，被污辱者一定要提出决斗，或用手枪，或用剑。普希金就是在决斗中被枪打死的。我们到了的时候，此风已息，但仍发生。我们几个中国留学生相约：如果外国人污辱了我们自身，我们要揣度形势，主要要容忍，以东方的恕道克制自己。但是，如果他们污辱我们的国家，则无论如何也要同他们玩儿命，决不容忍。这就是我们容忍的界限。幸亏这样的事情没有发生，否则我就活不到今天在这里舞笔弄墨了。

现在我们中国人的容忍水平，看了真让人气短。在公共汽车上，挤挤碰碰是常见的现象。如果碰了或者踩了别人，连忙说一声："对不起！"就能够化干戈为玉帛，然而有不少人连"对不起"都不会说了。于是就相吵相骂，甚至于扭打，甚至打得头破血流。我们这个伟大的民族怎么竟变成了这个样子！我在自己心中暗暗祝愿：容忍兮，归来！

1996年12月17日

三思而行

"三思而行",是我们现在常说的一句话,是劝人做事不要鲁莽,要仔细考虑,然后行动,则成功的可能性会大一些,碰壁的可能性会小一些。

要数典而不忘祖,也并不难。这个典故就出在《论语·公冶长第五》:"季文子三思而后行。子闻之曰:'再,斯可矣。'"这说明,孔老夫子是持反对意见的。吾家老祖宗文子(季孙行父)的三思而后行的举动,二千六七百年以来,历代都得到了几乎全天下人的赞扬,包括许多大学者在内。查一查《十三经注疏》,就能一目了然。《论语正义》说:"三思者,言思之多,能审慎也。"许多书上还表扬了季文子,说他是"忠而有贤行者"。甚至有人认为三思还不够。《三国志·吴志·诸葛恪传注》中说:有人劝恪"每事必十思。"可是我们的孔圣人却冒天下之大不韪,批评了季文子三思过多,只思二次(再)就够了。

这怎么解释呢?究竟谁是谁非呢?

我们必须先弄明白，什么叫"三思"。总起来说，对此有两个解释。一个是"言思之多"，这在上面已经引过。一个是"君子之谋也，始衷（中）终皆举之而后入焉"。这话虽为文子自己所说，然而孔子以及上万上亿的众人却不这样理解。他们理解，一直到今天，仍然是"多思"。

多思有什么坏处呢？又有什么好处呢？根据我个人几十年来的体会，除了下围棋、象棋等等以外，多思有时候能使人昏昏，容易误事。平常骂人说是"不肖子孙"，意思是与先人的行动不一样的人。我是季文子的最"肖"子孙。我平常做事不但三思，而且超过三思，是否达到了人们要求诸葛恪做的"十思"，没做统计，不敢乱说。反正是思过来，思过去，越思越糊涂，终而至于头昏昏然，而仍不见行动，不敢行动。我这样一个过于细心的人，有时会误大事的。我觉得，碰到一件事，决不能不思而行，鲁莽行动。记得当年在德国时，法西斯统治正如火如荼。一些盲目崇拜希特勒的人，常常使用一个词儿Darauf-galngertum，意思是"说干就干，不必思考"。这是法西斯的做法，我们必须坚决扬弃。遇事必须深思熟虑。先考虑可行性，考虑的方面越广越好。然后再考虑不可行性，也是考虑的方面越广越好。正反两面仔细考虑完以后，就必须加以比较，做出决定，立即行动。如果你考虑正面，又考虑反面之后，再回头来考虑正面，又再考虑反面，那么，如此循环往复，终无宁日，最终成为考虑的巨人，行动的侏儒。

所以，我赞成孔子的"再，斯可矣"。

1997年5月11日

漫谈消费

蒙组稿者垂青，要我来谈一谈个人消费。这实在不是最佳选择，因为我的个人消费决无任何典型意义。如果每个人都像我这样，商店几乎都要关门大吉。商店越是高级，我越敬而远之。店里那一大堆五光十色，争奇斗艳的商品，有的人见了简直会垂涎三尺，我却是看到就头痛。而且窃作腹诽：在这些无限华丽的包装内包的究竟是什么货色，只有天晓得。我觉得人们似乎越来越蠢，我们所能享受的东西，不过只占广告费和包装费的一丁点儿，我们是让广告和包装牵着鼻子走的，愧为"万物之灵"。

谈到消费，必须先谈收入。组稿者让我讲个人的情况，而且越具体越好。我就先讲我个人的具体收入情况。我在50年代被评为一级教授，到现在已经四十多年了，尚留在世间者已为数不多，可以被视为珍稀动物，通称为"老一级"。

在北京工资区——大概是六区——每月345元，再加上中国科学院哲学社会科学部委员，每月津贴100元，这个数目今天看起来实为微不足道，然而在当时却是一个颇大的数目，十分"不菲"。我举两个具体的例子：吃一次"老莫"（莫斯科餐厅），大约一元五到两元，汤菜俱全，外加黄油面包，还有啤酒一杯；如果吃烤鸭，也不过六七块钱一只，其余依此类推。只需同现在的价格一比，其悬殊立即可见，从工资收入方面来看，这是我一生最辉煌的时期之一。这是以后才知道的，"当时只道是寻常"。到了今天，"老一级"的光荣桂冠仍然戴在头上，沉甸甸的，又轻飘飘的，心里说不出是什么滋味，实际情况却是"昔人已乘黄鹤去，此地空余老桂冠"。我很感谢，不知道是哪一位朋友发明了"工薪阶层"这一个词儿，这真不愧是天才的发明，幸乎不幸乎？我也归入了这一个"工薪阶层"的行列。听有人说，在某一个城市的某大公司里设有"工薪阶层"专柜，专门对付我们这一号人的。如果真正有的话，这也不愧是一个天才的发明。俗话说"识时务者为俊杰"，他们都是不折不扣的"俊杰"。

我这个"老一级"每月究竟能拿多少钱呢？要了解这一点，必须先讲一讲今天的分配制度。现在的分配制度，同50年代相比，有了极大的不同，当年在大学里工作的人主要靠工资生活，不懂什么"第二职业"，也不允许有"第二职业"。谁要这样想，这样做，那就是典型的资产阶级思想，是同无产阶级思想对着干的，是最犯忌讳的。今天却大改其道。学校里颇有一些人有种种形式的"第二职业"，甚至"第三职业"。原因十分简单：如果只靠自己的工资，那就生活不下去。以我这个"老一级"为例，账面上的工资我是北大教员中最高的。我每月领到的工资，七扣八扣，拿到手的平均约700元至800元。保姆占掉一半,天然气费、电话费,等等,约占掉剩下的四分之一。我实际留在手的只有300元左右,我要用这些钱来付全体在我家吃饭的四个人的饭钱,这些钱连供一个人吃饭都有点捉襟见肘,何况四个人!"老莫"、烤鸭之类,当然可望而不可即。

可是我的生活水平,如果不是提高的话,也决没有降低。难道我点金有术吗?非也。我也有第×职业。这就是爬格子。格子我已经爬了六十多年,渐渐地爬出一些名堂来。时不时地就收到稿费,很多时候,我并不知道是哪一篇文章换来的。外文楼收发室的张师傅说:"季羡林有三多,报纸杂志多,有十几种,都是赠送的;来信多,每天总有五六封,来信者男女老幼都有,大都是不认识的人;汇单多。"我决非守财奴,但是一见汇款单,则心花怒放。爬格子的劲头更加昂扬起来。我没有做过统计,不知道每月究竟能收到多少钱。反正,对每月手中仅留300元钱的我来说,从来没有感到拮据,反而能大把大把地送给别人或者家乡的学校。我个人的生活水平,确有提高。我对吃,从来没有什么要求。早晨一般是面包或者干馒头,一杯清茶,一碟炒花生米,从来不让人陪我凌晨4点起床,给我做早饭。午晚两餐,素菜为多。我对肉类没有好感。这并不是出于什么宗教信仰,我不是佛教徒,其他教徒也不是。我并不宣扬素食主义。我的舌头也没有生什么病,好吃的东西我是能品尝的。不过我认为,如果一个人成天想吃想喝,仿佛人生的意义与价值就在于吃喝二字。我真觉得无聊,"斯下矣",食足以果腹,不就够了吗?因此,据小保姆告诉,我们四个人的伙食费不过500

多元而已。

至于衣着，更不在我考虑之列。在这方面，我是一个"利己主义者"。衣足以蔽体而已，何必追求豪华。一个人穿衣服，是给别人看的。如果一个人穿上十分豪华的衣服，打扮得珠光宝气，天天坐在穿衣镜前，自我欣赏，他（她）不是一个疯子，就是一个傻子。如果只是给别人去看，则观看者的审美能力和审美标准，千差万别，你满足了这一帮人，必然开罪于另一帮人，决不能使人人都高兴，皆大欢喜。反不如我行我素，我就是这一身打扮，你爱看不看，反正我不能让你指挥我，我是个完全自由自主的人。

因此，我的衣服，多半是穿过十年八年或者更长时间的，多半属于博物馆中的货色。俗话说"人靠衣裳马靠鞍"，以衣取人，自古已然，于今犹然。我到大店里去买东西，难免遭受花枝招展的年轻女售货员的白眼。如果有保卫干部在场，他恐怕会对我多加小心，我会成为他的重点监视对象。好在我基本上不进豪华大商店，这种尴尬局面无从感受。

讲到穿衣服，听说要"赶潮"，就是要赶上时代潮流，每季每年都有流行款式，我对这些都是完全的外行。我有我的老主意：以不变应万变。一身蓝色的卡其布中山装，春、夏、秋、冬，永不变化。所以我的开支项下，根本没有衣服这一项。你别说，我们那一套"三十年河东，三十年河西"的"哲学"有时对衣着款式也起作用。我曾在解放前的1946年在上海买过一件雨衣，至今仍然穿。有的专家说："你这件雨衣的款式真时髦！"我听了以后，大惑不解。经专家指点，原来50多年流行的款式经过了漫长的沧桑岁月，经过了不知道多少变化,现在又在螺旋式上升的规律的指导下,回到了50年前的款式。我恭听之余,大为兴奋。我守株待兔,终于守到了。人类在衣着方面的一点小聪明,原来竟如此脆弱!

我在本文一开头就说,在消费方面我决不是一个典型的代表。看了我自己的叙述,一定会同意我这个说法的。但是,人类社会极其复杂,芸芸众生,有一箪食一瓢饮者,也有食前方丈,一掷千金者。绫罗绸缎、皮尔·卡丹、燕窝鱼翅、生猛海鲜。这样的人当然也会有的。如果全社会都是我这一号的人,则所有的大百货公司都会关张的,那岂不太可怕了吗?所以,我并不提倡大家以我为师,我不敢这样狂妄。不过,话又说了回来,我仍然认为:吃饭穿衣是为了活着,但是活着决不是为了吃饭穿衣。

原载《东方经济》1997年第4期

牵就与适应

牵就,也作"迁就"。"牵就"和"适应",是我们说话和行文时常用的两个词儿,含义颇有些类似之处;但是,一仔细琢磨,二者间实有差别,而且是原则性的差别。

根据词典的解释,《现代汉语词典》注"牵就"为"迁就"和"牵强附会"。注"迁就"为"将就别人",举的例是:"坚持原则,不能迁就。"注"将就"为"勉强适应不很满意的事物或环境"。举的例是"衣服稍微小一点,你将就着穿吧!"注"适应"为"适合(客观条件或需要)"。举的例子是"适应环境"。"迁就"这个词儿,古书上也有,《辞源》注为"舍此取彼,委曲求合"。

我说,二者含义有类似之处,《现代汉语词典》注"将就"一词时就使用了"适应"一词。

词典的解释,虽然头绪颇有点乱,但是,归纳起来,"牵就(迁就)"和"适应"这两个词儿的含义还是清楚的。"牵就"的宾语往往是不很令人愉快、令人满意的事情。在平常的情况下,这种事情本来是不能或者不想去做的。极而言之,有些事情甚至是违反原则的,违反做人的道德的,当然完全是不能去做的。但是,迫于自己无法掌握的形势,或者出于利己的私心,或者由于其他的什么原因,非做不行,有时候甚至昧着自己的良心,自己也会感到痛苦的。

根据我个人的语感,我觉得,"牵就"的根本含义就是这样,词典上并没有说清楚。

但是,又是根据我个人的语感,我觉得,"适应"同"牵就"是不相同的。我们每一个人都会经常使用"适应"这个词儿的。不过在大多数的情况下,我们都是习而不察。我手边有一本沈从文先生的《花花朵朵 坛坛罐罐》,汪曾祺先生的"代序:沈从文转业之谜"中有一段话说:"一切终得变,沈先生是竭力想适应这种'变'的。"这种"变",指的是解放。沈先生写信给人说:"对于过去种种,得决心放弃,从新起始来学习。这个新的起始,并不一定即能配合当前需要,惟必能把握住一个进步原则来肯定,来完成,来促进。"沈从文先生这个"适应",是以"进步原则"来适应新社会的。这个"适应"是困难的,但是正确的。我们很多人在解放初期都有类似的经验。

再拿来同"牵就"一比较,两个词儿的不同之处立即可见。"适应"的宾语,同"牵就"不一样,它是好的事物,进步的事物;即使开始时有点困难,也必能心悦诚服地予以克服。在我们的一生中,我们会经常不断地遇到必须"适应"的事务,"适应"成功,我们就有了"进步"。

简截说:我们须"适应",但不能"牵就"。

1998年2月4日

一寸光阴不可轻[1]

中华乃文章大国，北大为人文渊薮，二者实有密不可分的联系，倘机缘巧遇，则北大必能成为产生文学家的摇篮。五四运动时期是一个具体的例证，最近几十年来又是一个鲜明的例证。在这两个时期的中国文坛上，北大人灿若列星。这一个事实我想人们都会承认的。

最近若干年来，我实在忙得厉害，像50年代那样在教书和搞行政工作之余还能有余裕的时间读点当时的文学作品的"黄金时代"一去不复返了。不过，幸而我还不能算是一个懒汉，在"内忧"、"外患"的罅隙里，我总要挤出点时间来，读一点北大青年学生的作品。《校刊》上发表的文学作品，我几乎都看。前不久我读到《北大往事》，这是北大70、80、90三个年代的青年回忆和写北大的文章。其中有些篇思想新鲜活泼，文笔清新俊逸，真使我耳目为之一新。中国古人说："雏凤清于老凤声"。我——如果大家允许

---

[1] 本文原为《燕园幽梦》序，标题为编者所加。

我也在其中滥竽一席的话——和我们这些"老凤",真不能不向你们这一批"雏凤"投过去羡慕和敬佩的眼光了。

但是,中国古人又说:"满招损,谦受益"。我希望你们能够认真体会这两句话的涵义。"倚老卖老",固不足取,"倚少卖少"也同样是值得青年人警惕的。天下万事万物,发展永无穷期。人外有人,天外有天,"老子天下第一"的想法是绝对错误的。你们对我们老祖宗遗留下来的浩如烟海的文学作品必须有深刻的了解。最好能背诵几百首旧诗词和几十篇古文,让它们随时涵蕴于你们心中,低吟于你们口头。这对于你们的文学创作和人文素质的提高,都会有极大的好处。不管你们现在或将来是教书、研究、经商、从政,或者是专业作家,都是如此,概莫能外。对外国的优秀文学作品,也必实下一番功夫,简练揣摩。这对你们的文学修养是决不可少的。如果能做到这一步,则你们必然能融会中西,贯通古今,创造出更新更美的作品。

宋代大儒朱子有一首诗,我觉得很有针对性,很有意义,我现在抄给大家:

少年易老学难成,一寸光阴不可轻。

未觉池塘春草梦,阶前梧叶已秋声。

这一首诗,不但对青年有教育意义,对我们老年人也同样有教育意义。文字明白如画,用不着过多的解释。光阴,对青年和老年,都是转瞬即逝,必须爱惜。"一寸光阴一寸金,寸金难买寸光阴",这是我们古人留给我们的两句意义深刻的话。

你们现在是处在"燕园幽梦"中,你们面前是一条阳关大道,是一条铺满了鲜花的阳关大道。你们要在这条大道上走上60年,70年,80年,或者更多的年,为人民,为人类做出出类拔萃的贡献。但愿你们永不忘记这一场燕园梦,永远记住自己是一个北大人,一个值得骄傲的北大人,这个名称会带给你们美丽的回忆,带给你们无量的勇气,带给你们奇妙的智慧,带给你们悠远的憧憬。有了这些东西,你们就会自强不息,无往不利,不会虚度此生。这是我的希望,也是我的信念。

1998年5月3日

做人与处世

一个人活在世界上,必须处理好三个关系:第一,人与大自然的关系;第二,人与人的关系,包括家庭关系在内;第三,个人心中思想与感情矛盾与平衡的关系。这三个关系,如果能处理得好,生活就能愉快;否则,生活就有苦恼。

人本来也是属于大自然范畴的。但是,人自从变成了"万物之灵"以后,就同大自然闹起独立来,有时竟成了大自然的对立面。人类的衣食住行所有的资料都取自大自然,我们向大自然索取是不可避免的。关键是怎样去索取?索取手段不出两途:一用和平手段,一用强制手段。我个人认为,东西文化之分野,就在这里。西方对待大自然的基本态度或指导思想是"征服自然",用一句现成的套话来说,就是用处理敌我矛盾的方法来处理人与大自然的关系。结果呢,从表面上看上去,西方人是胜利了,大自然真的被他们征服了。自从西方产业革命以后,西方人屡创奇迹。楼上楼下,电灯电话。大至宇宙飞船,小至原子,无一不出自西方"征服者"

之手。

然而，大自然的容忍是有限度的，它是能报复的，它是能惩罚的。报复或惩罚的结果，人皆见之，比如环境污染，生态失衡，臭氧层出洞，物种灭绝，人口爆炸，淡水资源匮乏，新疾病产生，如此等等，不一而足。这些弊端中哪一项不解决都能影响人类生存的前途。我并非危言耸听，现在全世界人民和政府都高呼环保，并采取措施。古人说："失之东隅，收之桑榆。"犹未为晚。

中国或者东方对待大自然的态度或哲学基础是"天人合一"。宋人张载说得最简明扼要："民吾同胞，物吾与也。""与"的意思是伙伴。我们把大自然看作伙伴。可惜我们的行为没能跟上。在某种程度上，也采取了"征服自然"的办法，结果也受到了大自然的报复，前不久南北的大洪水不是很能发人深省吗？

至于人与人的关系，我的想法是：对待一切善良的人，不管是家属，还是朋友，都应该有一个两字箴言：一曰真，二曰忍。真者，以真情实意相待，不允许弄虚作假。对待坏人，则另当别论。忍者，相互容忍也。日子久了，难免有点磕磕碰碰。在这时候，头脑清醒的一方应该能够容忍。如果双方都不冷静，必致因小失大，后果不堪设想。唐朝张公艺的"百忍"是历史上有名的例子。

至于个人心中思想感情的矛盾，则多半起于私心杂念。解之之方，唯有消灭私心，学习诸葛亮的"淡泊以明志，宁静以致远"，庶几近之。

1998年11月17日

修养与实践[1]

我体会，圣严法师之所以不惜人力和物力召开这样一个规模宏大的会议，大陆暨香港地区，以及台湾的许多著名的学者专家之所以不远千里来此集会，决不会是让我们坐而论道的。道不能不论，不论则意见不一致，指导不明确，因此不论是不行的。但是，如果只限于论，则空谈无补于实际，没有多大意义。况且，圣严法师为法鼓人文社会学院明定宗旨是"提升人的品质，建设人间净土"。这次会议的宗旨恐怕也是如此。所以，我们在议论之际，也必须想出一些具体的办法。这样会议才能算是成功的。

我在本文第一章中已经讲到过，我们中国和全世界所面临的形势是十分严峻的。钱穆先生也说："近百年来，世界人类文化所宗，可说全在欧洲。最近五十年，欧洲文化近于衰落，此下不能再

---

[1] 本篇节选自作者1999年3月在台北法鼓人文社会学院召开的"人文关怀与社会实践系列——人的素质学术研讨会"上的讲话《关于人的素质的几点思考》。

1999年4月,季羡林参加台湾"人文关怀与社会实践系列学术研讨会——人的素质"期间,与任继愈先生(中)、圣严法师(左)合影。

为世界人类文化向往之宗主。所以可说,最近乃人类文化之衰落期。此下世界文化又将何所向往?这是今天我们人类最值得重视的现实问题。"可谓慨乎言之矣。

我就在面临这样严峻的情况下提出了修养和实践问题的,也可以称之为思想与行动的关系,二者并不完全一样。

所谓修养,主要是指思想问题、认识问题、自律问题,他律有时候也是难以避免的。在大陆,帮助别人认识问题,叫作"做思想工作"。一个人遇到疑难,主要靠自己来解决,首先在思想上解决了,然后才能见诸行动,别人的点醒有时候也起作用。佛教禅宗主张"顿悟"。觉悟当然主要靠自己,但是别人的帮助有时也起作用。禅师的一声断喝,一记猛掌,一句狗屎橛,也能起振聋发聩的作用。宋代理学家有一个克制私欲的办法。清尹铭绶《学见举隅》中引朱子的话说：

> 前辈有俗澄治思虑者，于坐处置两器，每起一善念，则投白豆一粒于器中；每起一恶念，则投黑豆一粒于器中，初时黑豆多，白豆少，后来渐不复有黑豆，最后则验白豆亦无之矣。然此只是个死法，若更加以读书穷理的工夫，那去那般不正当底思虑，何难之有？

这个方法实际上是受了佛经的影响。《贤愚经》卷十三，（六七）优波提品第六十讲到一个"系念"的办法：

> 以白黑石子，用当等于筹算。善念下白，恶念下黑。优波提奉受其教，善恶之念，辄投石子。初黑偶多，白者甚少。渐渐修习，白黑正等。系念不止。更无黑石，纯有白者。善念已盛，逮得初果。"（《大正新修大藏经》，第四卷，页四四二下）

这与朱子说法几乎完全一样，区别只在豆与石耳。

这个做法究竟有多大用处？我们且不去谈。两个地方都讲善念、恶念。什么叫善？什么叫恶？中印两国的理解恐怕很不一样。中国的宋儒不外孔孟那些教导，印度则是佛教教义。我自己对善恶的看法，上面已经谈过。要系念，我认为，不外是放纵本性与遏制本性的斗争而已。为什么要遏制本性？目的是既让自己活，也让别人活。因为如果不这样做的话，则社会必然乱了套，就像现代大城市里必然有红绿灯一样，车往马来，必然要有法律和伦理教条。宇宙间，任何东西，包括人与动植物，都不允许有"绝对自由"。为了宇宙正常运转，为了人类社会正常活动，不得不尔也。对动植物来讲，它们不会思考，不能自律，只能他律。人为万物之灵，是能思考、能明辨是非的动物，能自律，但也必济之以他律。朱子说，这个系念的办法是个"死法"，光靠它是不行的，还必须读书穷理，才能去掉那些不正当的思虑。读书当然是有益的，但却不能只限于孔孟之书；穷理也是好的，但标准不能只限于孔孟之道。特别是在今天，在一个新世纪即将来临之际，眼光更要放远。

眼光怎样放远呢？首先要看到当前西方科技所造成的弊端，人类生存前途已处在危机中。世人昏昏，我必昭昭。我们必须力矫西方"征服自然"之弊，大力宣扬东方"天人合一"的思想，年轻人更应如此。

以上主要讲的是修养。光修养还是很不够的，还必须实践，也就是行动，最好能有一个信仰，宗教也好，什么主义也好；但必须虔诚、真挚。这里存不得半点虚假成分。我们不妨先从康德的"消极义务"做起：不污染环境、不污染空气、不污染河湖、不胡乱杀生、不破坏生态平衡、不砍伐森林，还有很多"不"。这些"消极义务"能产生积极影响。这样一来，个人的修养与实践、他人的教导与劝说，再加上公、检、法的制约，本文第一章所讲的那一些弊害庶几可以避免或减少，圣严法师所提出的希望庶几能够实现，我们同处于"人间净土"中。"挽狂澜于既倒"，事在人为。

1999年3月29日

希望21世纪家庭更美好

家庭是组成社会的细胞，集无数细胞而成社会。家庭安则社会安；家庭不安，则社会必然动荡。这个道理明白易懂。

人类不是一开始就有家庭的。人类社会进步到某一个阶段而家庭出。在中国几千年的历史上，崇尚大家庭成风。四世同堂为一般人所艳羡。这通常指的是直系亲属。不是直系亲属而属于同一曾祖，或甚至祖父的叔伯兄弟，也往往集聚一个大家庭中。读一读《红楼梦》，这情况立即具体生动地展现在眼前。宁荣二府，以贾母为首的正头主子不过几十人，然而却楼台殿阁，千门万户，男仆如云，使女如雨，天天过着花天酒地的日子，享尽了人间荣华富贵。表面上看起来，繁荣兴盛，轰轰烈烈。然而，在内部却是勾心斗角，笑里藏刀，互相蒙骗，互相倾轧，除了宝玉一人外，大概没有人过得真正称心如意的。

《红楼梦》时代渺矣，遥矣。就在解放前，我还在济南见到一些聚族而居的大家庭。规模虽然不能像贾府那样大，但是，几个院子,几十口人,几十间房子总是有的。聚居的人,不是大爷,就是二婶,然而境遇却绝对不同。有的摆小摊,有的当县长,有的无所事事,天天鬼混。他们之间,恩恩怨怨,搅成一团。所谓"清官难断家务事"者,即此是也。

建国以来,由于社会的变化,这样的大家庭几乎全已失踪。家庭越变越小。儿女结婚后与父母同住者,也已少见。最典型的家庭是一夫一妻,再加上一个小孩。由于双职工多,生了小孩,没人照管,于是就请来男的母亲或女的母亲,住在一起,照管小孩,这样就产生了一个新名词儿:"社会主义老太太"。

依我的推断,到了21世纪,这样的家庭还会继续下去。我不希望看到目前间或有的不办结婚登记手续而任意同居的家庭,这样的家庭是由"露水夫妻"组合成的,说聚就聚,说散就散,这不利于社会的安定团结。像美国那样的同性恋的"家庭",中国目前似乎还没有,我在将来也不希望看到。这样的超时髦的玩意儿,还是没有的好。

一个人不可能没有一点缺点,也不可能不犯一点错误。只要到不了触犯刑律的程度,夫妻间就应该互相理解,互相原谅。相互理解是夫妻间最重要的行为。在热恋阶段往往看不到对方的缺点,俗话说:"情人眼中出西施。"一旦结婚,往往就会应了我们常说的两句话:"凡所难求皆绝好,及能如愿便平常。"西人说:"结婚是爱情的坟墓。"我希望,中国不要让这一句话兑现。我希望,结婚以后,爱情的温度会以另外一种形式与日俱增,而不是渐趋冰冷。

我在很多地方被别人认为是保守派，我也以保守派自居。并不是一切时髦的东西都是好的。在婚姻和家庭问题上，我也宁愿保守。我还是宣传我那一套：家庭中必须有忍让精神，夫妇相互包涵，相互容忍，天天为了一点芝麻绿豆大的小事而吵架，我不认为是好现象。

一夫一妻一个孩子的家庭，是历史演变的结果，是当前以及以后相当长的时间内形势的需要。我现在还想不出将来的家庭形式会变成什么样子，21世纪也不会改变。我不希望，中国的社会有朝一日会改变复古，复古到没有家庭的社会，男女杂交，只知有母而不知有父。我希望，21世纪中国的家庭会在保留这种形式的基础上，多增加一些温馨，多增加一些理解，多增加一些和谐，多增加一些幸福。

1999年11月3日

老年十忌

我已经在本栏写过谈老年的文章，意犹未尽，再写"十忌"。

忌，就是禁忌，指不应该做的事情。人的一生，都有一些不应该做的事情，这是共性。老年是人生的一个阶段，有一些独特的不应该做的事情，这是特性，老年禁忌不一定有十个。我因受传统的"十全大补"、"某某十景"之类的"十"字迷的影响，姑先定为十个。将来或多或少，现在还说不准。骑驴看唱本，走着瞧吧。

一忌：说话太多。说话，除了哑巴以外，是每人每天必有的行动。有的人喜欢说话，有的人不喜欢，这决定于一个人的秉性，不能强求一律。我在这里讲忌说话太多，并没有"祸从口出"或"金人三缄其口"的涵义。说话惹祸，不在话多话少，有时候，一句话就能惹大祸。口舌惹祸，也不限于老年人，中年和青年都可能由此致祸。

我先举几个例子。

某大学有一位老教授，道德文章，有口皆碑。虽年逾耄耋，而思维敏锐，说话极有条理。不足之处是：一旦开口，就如悬河泄水，滔滔不绝；又如开了闸，再也关不住，水不断涌出。在那个大学里流传着一个传说：在学校召开的会上，某老一开口发言，有的人就退席回家吃饭，饭后再回到会场，某老谈兴正浓。据说有一次博士生答辩会，规定开会时间为两个半小时，某老参加，一口气讲了两个小时，这个会会是什么结果，答辩委员会的主席会有什么想法和措施，他会怎样抓耳挠腮，坐立不安，概可想见了。

另一个例子是一位著名的敦煌画家。他年轻的时候，头脑清楚，并不喜欢说话。一进入老境，脾气大变，也许还有点老年痴呆症的原因，说话既多又不清楚。有一年，在北京国家图书馆新建的大礼堂中召开中国敦煌吐鲁番学会的年会，开幕式必须请此老讲话。我们都知道他有这个毛病，预先请他夫人准备了一个发言稿，简捷而扼要，塞入他的外衣口袋里，再三叮嘱他，念完就退席。然而，他一登上主席台就把此事忘得一干二净，摆开架子，开口讲话，听口气是想从开天辟地讲起，如果讲到那一天的会议，中间至少有3000年的距离，主席有点沉不住气了。我们连忙采取紧急措施，把他夫人请上台，从他口袋里掏出发言稿，让他照念，然后下台如仪，会议才得以顺利进行。

类似的例子还可以举出一些来，我不再举了。根据我个人的观察，不是每一个老人都有这个小毛病，有的人就没有。我说它是"小毛病"，其实并不小。试问，我上面举出的开会的例子，难道那还不会制造极为尴尬的局面吗？当然，话又说了回来，爱说长话的人并不限于老年，中青年都有，不过以老年为多而已。因此，我编了四句话,奉献给老人:年老之人,血气已衰;煞车失灵,戒之在说。

二忌:倚老卖老。50年代和60年代前期,中国政治生活还比较(我只说是"比较")正常的时候,周恩来招待外宾后,有时候会把参加招待的中国同志在外宾走后留下来,谈一谈招待中有什么问题或纰漏,有点总结经验的意味。这时候刚才外宾在时严肃的场面一变而为轻松活泼,大家都争着发言,谈笑风生,有时候一直谈到深夜。

有一次,总理发言时使用了中国常见的"倚老卖老"这个词儿。翻译一时有点迟疑,不知道怎样恰如其分地译成英文。总理注意到了,于是在客人走后就留下中国同志,议论如何翻译好这个词儿。大家七嘴八舌,最终也没能得出满意的结论。我现在查了两部《汉英词典》,都把这个词儿译为:To take advantage of one's seniority or old age.意思是利用自己的年老,得到某一些好处,比如脱落形迹之类。我认为基本能令人满意的;但是"达到脱落形迹的目的",似乎还太狭隘了一点,应该是"达到对自己有利的目的"。

人世间确实不乏"倚老卖老"的人,学者队伍中更为常见。眼前请大家自己去找。我讲点过去的事情,故事就出在清吴敬梓的《儒林外史》中。吴敬梓有刻画人物的天才,着墨不多,而能活灵活现。第十八回,他写了两个时文家。胡三公子请客:

四位走进书房,见上面席间先坐着两个人,方巾白须,大模大样,见四位进来,慢慢立起身。严贡生认得,便上前道:"卫先生、随先生都在这里,我们公揖。"当下作过了揖,请诸位坐。那卫先生、随先生也不谦让,仍旧上席坐了。

倚老卖老,架子可谓十足。然而本领却并不怎么样,他们的诗,"且夫"、"尝谓"都写在内,其余也就是文章批语上采下来的几个字眼。一直到今天,倚老卖老,摆老架子的人大都如此。

平心而论,人老了,不能说是什么好事,老态龙钟,惹人厌恶;但也不能说是什么坏事。人一老,经验丰富,识多见广。他们的经验,有时会对个人甚至对国家是有些用处的。但是,这种用处是必须经过事实证明的,自己一厢情愿地认为有用处,是不会取信于人的。另外,根据我个人的体验与观察,一个人,老年人当然也包括在里面,最不喜欢别人瞧不起他。一感觉到自己受了怠慢,心里便不是滋味,甚至怒从心头起,拂袖而去。有时闹得双方都不愉快,甚至结下怨仇。这是完全要不得的。一个人受不受人尊敬,完全决定了你有没有值得别人尊敬的地方。在这里,摆架子,倚老卖老,都是枉然的。

三忌:思想僵化。人一老,在生理上必然会老化;在心理上或思想上,就会僵化。此事理之所必然,不足为怪。要举典型,有鲁迅的九斤老太在。

从生理上来看,人的躯体是由血、肉、骨等物质的东西构成的,是物质的东西就必然要变化、老化,以至消逝。生理的变化和老化必然影响心理或思想,这是无法抗御的。但是,变化、老化或僵化却因人而异，并不能一视同仁。有的人早，有的人晚；有的人快，有的人慢。所谓老年痴呆症，只是老化的一个表现形式。

空谈无补于事，试举一标本，加以剖析。远在天边，近在眼前，标本就是我自己。

我已届九旬高龄，古今中外的文人能活到这个年龄者只占极少数。我不相信这是由于什么天老爷、上帝或佛祖的庇佑，而是享了新社会的福。现在，我目虽不太明，但尚能见物；耳虽不太聪，但尚能闻声。看来距老年痴呆和八宝山还有一段距离，我也还没有这样的计划。

但是，思想僵化的迹象我也是有的。我的僵化同别人或许有点不同：它一半自然，一半人为；前者与他人共之，后者则为我所独有。

我不是九斤老太一党，我不但不认为"一代不如一代"，而且确信"雏凤清于老凤声"。可是最近几年来，一批"新人类"或"新新人类"脱颖而出，他们好像是一批外星人，他们的思想和举止令我迷惑不解，惶恐不安。这算不算是自然的思想僵化呢？

至于人为的思想僵化，则多一半是一种逆反心理在作祟。就拿穿中山装来做例子，我留德十年，当然是穿西装的。解放以后，我仍然有时改着西装。可是改革开放以来，不知从哪吹来了一股风，一夜之间，西装遍神州大地矣。我并不反对穿西装；但我不承认西装就是现代化的标志，而且打着领带锄地，我也觉得滑稽可笑。于是我自己就"僵化"起来，从此再不着西装，国内国外，大小典礼，我一律蓝色卡其布中山装一袭，以不变应万变矣。

还有一个"化",我不知道怎样称呼它。世界科技进步,一日千里,没有科技,国难以兴,事理至明,无待赘言。科技给人类带来的幸福,也是有目共睹的。但是,它带来了危害,也无法掩饰。世界各国现在都惊呼环保,环境污染难道不是科技发展带来的吗?犹有进者。我突然感觉到,科技好像是龙虎山张天师镇妖瓶中放出来的妖魔,一旦放出来,你就无法控制。只就克隆技术一端言之,将来能克隆人,指日可待。一旦实现,则人类社会迄今行之有效的法律准则和伦理规范,必遭破坏。将来的人类社会变成什么样的社会呢?我有点不寒而栗。这似乎不尽属于"僵化"范畴,但又似乎与之接近。

四忌:不服老。服老,《现代汉语词典》的解释:"承认年老",可谓简明扼要。人上了年纪,是一个客观事实,服老就是承认它,这是唯物主义的态度。反之,不承认,也就是不服老倒迹近唯心了。

中国古代的历史记载和古典小说中,不服老的例子不可胜数,尽人皆知,无须列举。但是,有一点我必须在这里指出来:古今论者大都为不服老唱赞歌,这有点失于偏颇,绝对地无条件地赞美不服老,有害无益。

空谈无补,举几个实例,包括我自己。

1949年春夏之交,解放军进城还不太久,忘记了是出于什么原因,毛泽东的老师徐特立约我在他下榻的翠明庄见面。我准时赶到,徐老当时年已过八旬,从楼上走下,卫兵想去扶他,他却不停地用胳膊肘捣卫兵的双手,一股不服老的劲头至今给我留下了难忘的印象。

再一个例子是北大20年代的教授陈翰笙先生。陈先生生于1896年，跨越了三个世纪，至今仍然健在。他晚年病目失明，但这丝毫也没有影响了他的活动，有会必到。有人去拜访他，他必把客人送到电梯门口。有时还会对客人伸一伸胳膊，踢一踢腿，表示自己有的是劲。前几年，每天还安排时间教青年英文，分文不取。这样的不服老我是钦佩的。

也有人过于服老。年不到五十，就不敢吃蛋黄和动物内脏，怕胆固醇增高。这样的超前服老，我是不敢钦佩的。

至于我自己，我先讲一段经历。是在1995年，当时我已经达到了84岁高龄。然而我却丝毫没有感觉到，不知老之已至，正处在平生写作的第二个高峰中。每天跑一趟大图书馆，几达两年之久，风雪无阻。我已经有点忘乎所以了。一天早晨，我照例四点半起床，到东边那一单元书房中去写作。一转瞬间，肚子里向我发出信号：该填一填它了。一看表，已经六点多了。于是我放下笔，准备回西房吃早点。可是不知是谁把门从外面锁上了，里面开不开。我大为吃惊，回头看到封了顶的阳台上有一扇玻璃窗可以打开。我于是不假思索，立即开窗跳出，从窗口到地面约有一米八高。我一堕地就跌了一个大马趴，脚后跟有点痛。旁边就是洋灰台阶的角，如果脑袋碰上，后果真不堪设想，我后怕起来了。我当天上下午都开了会，第二天又长驱数百里到天津南开大学去做报告。脚已经肿了起来。第三天，到校医院去检查，左脚跟有点破裂。

我这样的不服老，是昏聩糊涂的不服老，是绝对要不得的。

我在上面讲了不服老的可怕，也讲到了超前服老的可笑。然则何去何从呢？我认为，在战略上要不服老，在战术上要服老，二者结合，庶几近之。

五忌：无所事事。这是一个比较复杂的问题，必须细致地加以分析，区别对待，不能一概而论。

达官显宦，在退出政治舞台之后，幽居府邸，"庭院深深深几许"，我辈槛外人无法窥知，他们是无所事事呢，还是有所事事，无从谈起，姑存而不论。

富商大贾，一旦钱赚够了，年纪老了，把事业交给儿子、女儿或女婿，他们是怎样度过晚年的，我们也不得而知，我们能知道的只是钞票不能拿来炒着吃。这也姑且存而不论。

说来说去，我所能够知道的只是工、农和知识分子这些平头老百姓。中国古人说："一事不知，儒者之耻。"今天，我这个"儒者"却无论如何也没有胆量说这样的大话。我只能安分守己，夹起尾巴来做人，老老实实地只谈论老百姓的无所事事。

我曾到过承德，就住在避暑山庄对面的一个旅馆里。每天清晨出门散步，总会看到一群老人，手提鸟笼，把笼子挂在树枝上，自己则分坐在山庄门前的石头上，"闲坐说玄宗"。一打听，才知道他们多是旗人，先人是守卫山庄的八旗兵，而今老了，无所事事，只有提鸟笼子。试思：他们除了提鸟笼子外还能干什么呢？他们这种无所事事，不必探究。

北大也有一批退休的老工人，每日以提鸟笼为业。过去他们常聚集在我住房附近的一座石桥上，鸟笼也是挂在树枝上，笼内鸟儿放声高歌，清脆嘹亮。我走过时，也禁不住驻足谛听，闻而乐之。这一群工人也可以说是无所事事，然而他们又怎样能有所事事呢？

现在我只能谈我自己也是其中一分子、因而我最了解情况的知识分子。国家给年老的知识分子规定了退休年龄，这是合情合理的，应该感激的。但是，知识分子行当不同，身体条件也不相同。是否能做到老有所为，完全取决于自己，不取决于政府。自然科学和技术，我不懂，不敢瞎说。至于人文社会科学，则我是颇为熟悉的。一般说来，社会科学的研究不靠天才火花一时的迸发，而靠长期积累。一个人到了六十多岁退休的关头，往往正是知识积累和资料积累达到炉火纯青的时候。一旦退下，对国家和个人都是一个损失。有进取心有干劲者，可能还会继续干下去的。可是大多数人则无所事事。我在南北几个大学中都听到了有关"散步教授"的说法，就是一个退休教授天天在校园里溜达，成了全校著名的人物。我没同"散步教授"谈过话，不知道他们是怎样想的。估计他们也不会很舒服。锻炼身体，未可厚非。但是，整天这样"锻炼"，不也太乏味太单调了吗？学海无涯，何妨再跳进去游泳一番，再扎上两个猛子，不也会身心两健吗？蒙田说得好："如果大脑有事可做，有所制约，它就会在想象的旷野里驰骋，有时就会迷失方向。"

六忌：提当年勇。我做了一个梦。我驾着祥云或别的什么云，飞上了天宫，在凌霄宝殿多功能厅里，参加了一个务虚会。

第一个发言的是项羽。他历数早年指挥雄师数十万，横行天下，各路诸侯皆俯首称臣，他是诸侯盟主，颐指气使，没有敢违抗者。鸿门设宴,吓得刘邦像一只小耗子一般。说到尽兴处,手舞足蹈,唾沫星子乱溅。这时忽然站起来了一位天神,问项羽:四面楚歌,乌江自刎是怎么一回事呀?项羽立即垂下了脑袋,仿佛是一个泄了气的皮球。

第二个发言的是吕布,他手握方天画戟,英气逼人。他放言高论,大肆吹嘘自己怎样戏貂蝉,杀董卓,为天下人民除害;虎牢关力敌关、张、刘三将,天下无敌。正吹得眉飞色舞,一名神仙忽然高声打断了他的发言:"白门楼上向曹操下跪,恳求饶命,大耳贼刘备一句话就断送了你的性命,是怎么一回事呢?"吕布面色立变,流满了汗,立即下台,像一只斗败了的公鸡。

第三个发言的是关羽。他久处天宫,大地上到处都有关帝庙,房子多得住不过来。他威仪俨然,放不下神架子。但发言时,一谈到过五关斩六将,用青龙偃月刀挑起曹操捧上的战袍时,便不禁圆睁丹凤眼,猛抖卧蚕眉,兴致淋漓,令人肃然。但是又忽然站起了一位天官,问道:"夜走麦城是怎么一回事呢?"关公立即放下神架子,神色仓皇,脸上是否发红,不得而知,因为他的脸本来就是红的。他跳下讲台,在天宫里演了一出夜走麦城。

我听来听去,实在厌了,便连忙驾祥云回到大地上,正巧落在绍兴,又正巧阿Q被小D抓住辫子往墙上猛撞,阿Q大呼:"我从前比你阔得多了!"可是小D并不买账。

谁一看都能知道,我的梦是假的。但是,在芸芸众生中,特别是在老年中,确有一些人靠自夸当年勇来过日子。我认为,这也算是一种自然现象。争胜好强也许是人类的一种本能。但一旦年老,争胜有心,好强无力,便难免产生一种自卑情结。可又不甘心自卑,于是只有自夸当年勇一途,可以聊以自慰。对于这种情况,别人是爱莫能助的。"解铃还是系铃人",只有自己随时警惕。

现在有一些得了世界冠军的运动员有一句口头禅:从零开始。意思是,不管冠军或金牌多么灿烂辉煌,一旦到手,即成过去,从现在起又要从零开始了。

我觉得,从零开始是唯一正确的想法。

七忌:自我封闭。这里专讲知识分子,别的界我不清楚。但是,行文时也难免涉及社会其他阶层。

中国古人说:"人生识字忧患始"。其实不识字也有忧患。道家说,万物方生方死。人从生下的一刹那开始,死亡的历程也就开始了。这个历程可长可短,长可能到100年或者更长,短则几个小时,几天,少年夭折者有之,英年早逝者有之,中年弃世者有之,好不容易,跌跌撞撞,坎坎坷坷,熬到了老年,早已心力交瘁了。

能活到老年,是一种幸福,但也是一种灾难。并不是每一个人都能活到老年,所以说是幸福;但是老年又有老年的难处,所以说是灾难。

老年人最常见的现象或者灾难是自我封闭。封闭,有行动上的封闭,有思想感情上的封闭,形式和程度又因人而异。老年人有事理广达者,有事理欠通达者。前者比较能认清宇宙万物以及人类社会发展的规律,了解到事物的改变是绝对的,不变是相对的,千万不要要求事物永恒不变。后者则相反,他们要求事物永恒不变;即使变,也是越变越坏,上面讲到的九斤老太就属于此类人。这一类人,即使仍然活跃在人群中,但在思想感情方面,他们却把自己严密地封闭起来了。这是最常见的一种自我封闭的形式。

空言无益,试举几个例子。

我在高中读书时,有一位教经学的老师,是前清的秀才或举人。五经和四书背得滚瓜烂熟,据说还能倒背如流。他教我们《书经》和《诗经》,从来不带课本,业务是非常熟练的。可学生并不喜欢他。因为他张口闭口:"我们大清国怎样怎样。"学生就给他起了一个诨名"大清国",他真实的姓名反隐而不彰了。我们认为他是老顽固,他认为我们是新叛逆。我们中间不是代沟,而是万丈深渊,是他把自己完全封闭起来了。

再举一个例子。我有一位老友,写过新诗,填过旧词,毕生研究中国文学史,都达到了相当高的水平。他为人随和,性格开朗,并没有什么乖僻之处。可是,到了最近几年,突然产生了自我封闭的现象,不参加外面的会,不大愿意见人,自己一个人在家里高声唱歌。我曾几次以老友的身份,劝他出来活动活动,他都婉言拒绝。他心里是怎样想的,至今对我还是一个谜。

我认为,老年人不管有什么形式的自我封闭现象,都是对个人健康不利的。我奉劝普天下老年人力矫此弊。同青年人在一起,即使是"新新人类"吧,他们身上的活力总会感染老年人的。

八忌:叹老嗟贫。叹老磋贫,在中国的读书人中,是常见的现象,特别是所谓怀才不遇的人们中,更是特别突出。我们读古代诗文,这样的内容随时可见。在现代的知识分子中,这种现象比较少见了,难道这也是中国知识分子进化或进步的一种表现吗?

我认为，这是一个十分值得研究的课题。它是中国知识分子学和中西知识分子比较学的重要内容。

我为什么又拉扯上了西方知识分子呢？因为他们与中国的不同，是现成的参照系。

西方的社会伦理道德标准同中国不同，实用主义色彩极浓。一个人对社会有能力做贡献，社会就尊重你。一旦人老珠黄，对社会没有用了，社会就丢弃你，包括自己的子孙也照样丢弃了你，社会舆论不以为忤。当年我在德国哥廷根时，章士钊的夫人也同儿子住在那里，租了一家德国人的三楼居住。我去看望章伯母时，走过二楼，经常看到一间小屋关着门，门外地上摆着一碗饭，一丝热气也没有。我最初认为是喂猫或喂狗用的。后来一打听，才知道是给小屋内卧病不起的母亲准备的饭菜。同时，房东还养了一条大狼狗，一天要吃一斤牛肉。这种天上人间的情况无人非议，连躺在小屋内病床上的老太太大概也会认为所有这一切都是顺理成章的吧。

在这种狭隘的实用主义大潮中，西方的诗人和学者极少极少写叹老嗟贫的诗文。同中国比起来，简直不成比例。

在中国，情况则大大地不同。中国知识分子一向有"学而优则仕"的传统。过去一千多年以来，仕的途径只有一条，就是科举。"千军万马过独木桥"，所有的读书人都拥挤在这一条路上，从秀才——举人向上爬，爬到进士参加殿试，僧多粥少，极少数极幸运者可以爬完全程，"仕宦而至将相，富贵而归故乡"，达到这个目的万中难得一人。大家只要读一读《儒林外史》，便一目了然。在这样的情况下，倘若科举不利，老而又贫，除了叹老嗟贫以外，实在无路可走了。古人说"诗必穷而后工"，其中"穷"字也有科举不利这个涵义。古代大官很少有好诗文传世，其原因实在耐人寻味。

今天，时代变了。但是"学而优则仕"的幽灵未泯，学士、硕士、博士、院士代替了秀才、举人、进士、状元。骨子里并没有大变。在当今知识分子中，一旦有了点成就，便立即披上一顶乌纱帽，这现象难道还少见吗？

今天的中国社会已能跟上世界潮流，但是，封建思想的残余还不容忽视。我们都要加以警惕。

九忌：老想到死。好生恶死，为所有生物之本能。我们只能加以尊重，不能妄加评论。

作为万物之灵的人，更是不能例外。俗话说："黄泉路上无老少。"可是人一到了老年，特别是耄耋之年，离那个长满了野百合花的地方越来越近了，此时常想到死，更是非常自然的。

今人如此，古人何独不然！中国古代的文学家、思想家、骚人、墨客大都关心生死问题。根据我个人的思考，各个时代是颇不相同的。两晋南北朝时期似乎更为关注。粗略地划分一下，可以分为三派。第一派对死十分恐惧，而且十分坦荡地说了出来。这一派可以江淹为代表。他的《恨赋》一开头就说："试望平原，蔓草萦骨，拱木敛魂。人生到此，天道宁论。"最后几句话是："自古皆有死。莫不饮恨而吞声！"话说得再清楚不过了。

第二派可以"竹林七贤"为代表。《世说新语·任诞等二十三》第一条就讲到阮籍、嵇康、山涛、刘伶、阮咸、向秀和王戎"常集于竹林之中，肆意酣畅"。这是一群酒徒。其中最著名的刘伶命人荷锹跟着他，说："死便埋我!"对死看得十分豁达。实际上，情况正相反，他们怕死怕得发抖，聊作姿态以自欺欺人耳。其中当然还有逃避残酷的政治迫害的用意。

第三派可以陶渊明为代表。他的意见具见他的诗《神释》中。诗中有这样的话："老少同一死，贤愚无复数。日醉或能忘，将非促龄具！立善常所欣，谁当为此举？甚念伤吾生，正宜委运去。纵浪大化中，不喜亦不惧。应尽便须尽，无复独多虑。"他反对酗酒麻醉自己，也反对常想到死。我认为，这是最正确的态度。最后四句诗成了我的座右铭。

我在上面已经说到，老年人想到死，是非常自然的。关键是：想到以后，自己抱什么态度。惶惶不可终日，甚至饮恨吞声，最要不得，这样必将成陶渊明所说的"促龄具"。最正确的态度是顺其自然，泰然处之。

鲁迅不到五十岁，就写了有关死的文章。王国维则说："五十之年，只欠一死。"结果投了昆明湖。我之所以能泰然处之，有我的特殊原因。"十年浩劫"中，我已走到过死亡的边缘上，一个千钧一发的偶然性救了我。从那以后，多活一天，我都认为是多赚的。因此就比较能对死从容对待了。

我在这里诚挚奉劝普天之下的年老又通达事理的人，偶尔想一下死，是可以的，但不必老想。我希望大家都像我一样，以陶渊明《神释》诗最后四句为座右铭。

十忌：愤世嫉俗。愤世嫉俗这个现象，没有时代的限制，也没有年龄的限制。古今皆有，老少具备，但以年纪大的人为多。它对人的心理和生理都会有很大的危害，也不利于社会的安定团结。

世事发生必有其因。愤世嫉俗的产生也自有其原因。归纳起来，约有以下诸端：

首先，自古以来，任何时代，任何朝代，能完全满足人民大众的愿望者，绝对没有。不管汉代的文景之治怎样美妙，唐代的贞观之治和开元之治怎样理想，宫廷都难免腐败，官吏都难免贪污，百姓就因而难免不满，其尤甚者就是愤世嫉俗。

其次，"学而优则仕"达不到目的，特别是科举时代名落孙山者，人不在少数，必然愤世嫉俗。这在中国古代小说中可以找出不少的典型。

再次，古今中外都不缺少自命天才的人。有的真有点天才或者才干，有的则只是个人妄想，但是别人偏不买账，于是就愤世嫉俗。其尤甚者，如西方的尼采要"重新估定一切价值"，又如中国的徐文长。结果无法满足，只好自己发了疯。

最后，也是最常见的，对社会变化的迅猛跟不上，对新生事物看不顺眼，是九斤老太一党；九斤老太不识字，只会说"一代不如一代"，识字的知识分子，特别是老年人，便表现为愤世嫉俗，牢骚满腹。

以上只是一个大体的轮廓，不足为据。

在中国文学史上，愤世嫉俗的传统，由来已久。《楚辞》的"黄钟毁弃，瓦釜雷鸣"等语就是最早的证据之一。以后历代的文人多有愤世嫉俗之作，形成了知识分子性格上的一大特点。

我也算是一个知识分子，姑以我自己为麻雀，加以剖析。愤世嫉俗的情绪和言论，我也是有的。但是，我又有我自己的表现方式。我往往不是看到社会上的一些不正常现象而牢骚满腹，怪话连篇，而是迷惑不解，惶恐不安。我曾写文章赞美过代沟，说代沟是人类进步的象征。这是我真实的想法。可是到了目前，我自己也傻了眼，横亘在我眼前的像我这样老一代人和一些"新人类"、"新新人类"之间的代沟，突然显得其阔无限，其深无底，简直无法逾越了，仿佛把人类历史断成了两截。我感到恐慌，我不知道这样发展下去将伊于胡底。我个人认为，这也是愤世嫉俗的一种表现形式，是要不得的；可我一时又改变不过来，为之奈何！

我不知道，与我想法相同或者相似的有没有人在，有的话，究竟有多少人。我想来想去，觉得还是毛泽东的两句诗好："牢骚太盛防肠断，风物长宜放眼量。"

2000年2月22日写毕

谈礼貌

眼下,即使不是百分之百的人,也是绝大多数的人,都抱怨现在社会上不讲礼貌。这是完全有事实做根据的。前许多年,当时我腿脚尚称灵便,出门乘公共汽车的时候多,几乎每一次我都看到在车上吵架的人,甚至动武的人。起因都是微不足道的:你碰了我一下,我踩了你的脚,如此等等。试想,在拥拥挤挤的公共汽车上,谁能不碰谁呢?这样的事情也值得大动干戈吗?

曾经有一段时间,有关的机关号召大家学习几句话:"谢谢!""对不起!"等等。就是针对上述的情况而发的。其用心良苦,然而我心里却觉得不是滋味。一个有五千年文明的堂堂大国竟要学习幼儿园孩子们学说的话,岂不大可哀哉!

有人把不讲礼貌的行为归咎于新人类或新新人类。我并无资格成为新人类的同党,我已经是属于博物馆的人物了。但是,我却要为他们打抱不平。在他们诞生以前,有人早着了先鞭。不过,话又要说了回来。新人类或新新人类确实在不讲礼貌方面有所创造,有所前进,他们发扬光大了这种并不美妙的传统，他们（往往是一双男女）在光天化日之下，车水马龙之中，拥抱接吻，旁若无人，扬扬自得，连在这方面比较不拘细节的老外看了都目瞪口呆，惊诧不已。古人说："闺房之内，有甚于画眉者。"这是两口子的私事，谁也管不着。但这是在闺房之内的事，现在竟几乎要搬到大街上来，虽然还没有到"甚于画眉"的水平，可是已经很可观了。新人类还要新到什么程度呢？

如果一个人孤身住在深山老林中，你愿意怎样都行。可我们是处在社会中，这就要讲究点人际关系。人必自爱而后人爱之。没有礼貌是目中无人的一种表现，是自私自利的一种表现，如果这样的人多了，必然产生与社会不协调的后果。千万不要认为这是个人小事而掉以轻心。

现在国际交往日益频繁，不讲礼貌的恶习所产生的恶劣影响已经不局限于国内，而是会流布全世界。前几年，我看到过一个什么电视片，是由一个意大利著名摄影家拍摄的，主题是介绍北京情况的。北京的名胜古迹当然都包罗无遗，但是，我的眼前忽然一亮：一个光着膀子的胖大汉子骑自行车双手撒把做打太极拳状，飞驰在天安门前宽广的大马路上。给人的形象是野蛮无礼。这样的形象并不多见。然而却没有逃过一个老外的眼光。我相信，这个电视片是会在全世界都放映的。它在外国人心目中会产生什么影响，不是一清二楚了吗？

最后，我想当一个文抄公，抄一段香港《公正报》上的话："富者有礼高质，贫者有礼免辱，父子有礼慈孝，兄弟有礼和睦，夫妻有礼情长，朋友有礼义笃，社会有礼祥和。"

2001年1月29日

反躬自省[1]

我在上面，从病原开始，写了发病的情况和治疗的过程，自己的侥幸心理，掉以轻心，自己的瞎鼓捣，以至酿成了几乎不可收拾的大患，进了301医院。边叙事、边抒情、边发议论、边发牢骚，一直写了一万三千多字。现在写作重点是应该换一换的时候了。换的主要枢纽是反求诸己。

301医院的大夫们发扬了三高的医风，熨平了我身上的创伤，我自己想用反躬自省的手段，熨平我自己的心灵。

我想从认识自我谈起。

每一个人都有一个自我，自我当然离自己最近，应该最容易认识。事实证明正相反，自我最不容易认识。所以古希腊人才发出了Know thyself的惊呼。一般的情况是，人们往往把自己的才能、学问、道德、成就等等评估过高，永远是自我感觉良好。这对自己是不利的，对社会也是有害的。许多人事纠纷和社会矛盾由此而生。

---

1 本文节选自《在病中》。

不管我自己有多少缺点与不足之处，但是认识自己我是颇能做到一些的。我经常剖析自己。想回答："自己究竟是一个什么样的人？"这样一个问题。我自信能够客观地实事求是地进行分析的。我认为，自己决不是什么天才，决不是什么奇材异能之士，自己只不过是一个中不溜丢的人；但也不能说是蠢材。我说不出，自己在哪一方面有什么特别的天赋。绘画和音乐我都喜欢，但都没有天赋。在中学读书时，在课堂上偷偷地给老师画像，我的同桌同学画得比我更像老师，我不得不心服。我羡慕许多同学都能拿出一手儿来，唯独我什么也拿不出。

我想在这里谈一谈我对天才的看法。在世界和中国历史上，确实有过天才；我都没能够碰到。但是，在古代，在现代，在中国，在外国，自命天才的人却层出不穷。我也曾遇到不少这样的人。他们那一副自命不凡的天才相，令人不敢向迩。别人嗤之以鼻，而这些"天才"则巍然不动，挥斥激扬，乐不可支。此种人物列入《儒林外史》是再合适不过的。我除了敬佩他们的脸皮厚之外，无话可说。我常常想，天才往往是偏才。他们大脑里一切产生智慧或灵感的构件集中在某一个点上，别的地方一概不管，这一点就是他的天才之所在。天才有时候同疯狂融在一起，画家梵高就是一个好例子。

在伦理道德方面，我的基础也不雄厚和巩固。我决没有现在社会上认为的那样好，那样清高。在这方面，我有我的一套"理论"。我认为，人从动物群体中脱颖而出，变成了人。除了人的本质外，动物的本质也还保留了不少。一切生物的本能，即所谓

"性",都是一样的,即一要生存,二要温饱,三要发展。在这条路上,倘有障碍,必将本能地下死力排除之。根据我的观察,生物还有争胜或求胜的本能,总想压倒别的东西,一枝独秀。这种本能人当然也有。我们常讲,在世界上,争来争去,不外名利两件事。名是为了满足求胜的本能,而利则是为了满足求生。二者联系密切,相辅相成,成为人类的公害,谁也铲除不掉。古今中外的圣人贤人们都尽过力量,而所获只能说是有限。

至于我自己,一般人的印象是,我比较淡泊名利。其实这只是一个假象,我名利之心兼而有之。只因我的环境对我有大裨益,所以才造成了这一个假象。我在四十多岁时,一个中国知识分子当时所能追求的最高荣誉,我已经全部拿到手。在学术上是中国科学院学部委员,即后来的院士。在教育界是一级教授。在政治上是全国政协委员。学术和教育我已经爬到了百尺竿头,再往上就没有什么阶梯了。我难道还想登天做神仙吗?因此,以后几十年的提升提级活动我都无权参加,只是领导而已。假如我当时是一个二级教授——在大学中这已经不低了——,我一定会渴望再爬上一级的。不过,我在这里必须补充几句。即使我想再往上爬,我决不会奔走、钻营、吹牛、拍马,只问目的,不择手段。那不是我的作风,我一辈子没有干过。

写到这里,就跟一个比较抽象的理论问题挂上了钩:什么叫好人?什么叫坏人?什么叫好?什么叫坏?我没有看过伦理教科书,不知道其中有没有这样的定义。我自己悟出了一套看法,当然是极端粗浅的,甚至是原始的。我认为,一个人一生要处理好三个关系：天人关系，也就是人与大自然的关系；人人关系，也就是社会关系；个人思想和感情中矛盾和平衡的关系。处理好了，人类就能够进步，社会就能够发展。好人与坏人的问题属于社会关系。因此，我在这里专门谈社会关系，其他两个就不说了。

正确处理人与人的关系，主要是处理利害关系。每个人都有自己的利益，都关心自己的利益。而这种利益又常常会同别人有矛盾的。有了你的利益，就没有我的利益。你的利益多了，我的就会减少。怎样解决这个矛盾就成了广大芸芸众生最棘手的问题。

人类毕竟是有思想能思维的动物。在这种极端错综复杂的利益矛盾中，他们绝大部分人都能有分析评判的能力。至于哲学家所说的良知和良能，我说不清楚。人们能够分清是非善恶，自己处理好问题。在这里无非是有两种态度，既考虑自己的利益，为自己着想，也考虑别人的利益，为别人着想。极少数人只考虑自己的利益，而又以残暴的手段攫取别人的利益者，是为害群之马，国家必绳之以法，以保证社会的安定团结。

这也是衡量一个人好坏的基础。地球上没有天堂乐园，也没有小说中所说的"君子国"。对一般人民的道德水平不要提出过高的要求。一个人除了为自己着想外能为别人着想的水平达到百分之六十，他就算是一个好人。水平越高，当然越好。那样高的水平恐怕只有少数人能达到了。

大概由于我水平太低，我不大敢同意"毫不利己，专门利人"这种提法，一个"毫不"，再加上一个"专门"，把话说得满到不能再满的程度。试问天下人有几个人能做到。提这个口号的人怎样呢？这种口号只能吓唬人，叫人望而却步，决起不到提高人们道德水平的作用。

至于我自己，我是一个谨小慎微，性格内向的人。考虑问题有时候细入毫发。我考虑别人的利益，为别人着想，我自认能达到百分之六十。我只能把自己划归好人一类。我过去犯过许多错误，伤害了一些人。但那决不是有意为之，是为我的水平低修养不够所支配的。在这里，我还必须再做一下老王，自我吹嘘一番。在大是大非问题前面，我会一反谨小慎微的本性，挺身而出，完全不计个人利害。我觉得，这是我身上的亮点，颇值得骄傲的。总之，我给自己的评价是：一个平平常常的好人，但不是一个不讲原则的滥好人。

现在我想重点谈一谈对自己当前处境的反思。

我生长在鲁西北贫困地区一个僻远的小村庄里。晚年，一个幼年时的伙伴对我说："你们家连贫农都够不上！"在家六年，几乎不知肉味，平常吃的是红高粱饼子，白馒头只有大奶奶给吃过。没有钱买盐，只能从盐碱地里挖土煮水醃咸菜。母亲一字不识，一辈子季赵氏，连个名都没有捞上。

我现在一闭眼就看到一个小男孩，在夏天里浑身上下一丝不挂，滚在黄土地里，然后跳入浑浊的小河里去冲洗。再滚，再冲；再冲，再滚。

"难道这就是我吗？"

"不错，这就是你！"

六岁那年，我从那个小村庄里走出，走向通都大邑，一走就走了将近九十年。我走过阳关大道,也跨过独木小桥。有时候歪打正着,有时候也正打歪着。坎坎坷坷,跌跌撞撞,磕磕碰碰,推推搡搡,云里,雾里。不知不觉就走到了现在的九十二岁,超过古稀之年二十多岁了。岂不大可喜哉!又岂不大可惧哉!我仿佛大梦初觉一样,糊里糊涂地成为一位名人。现在正住在301医院雍容华贵的高干病房里。同我九十年前出发时的情况相比,只有李后主的"天上人间"四个字差堪比拟于万一。我不大相信这是真的。

我在上面曾经说到,名利之心,人皆有之。我这样一个平凡的人,有了点名,感到高兴,是人之常情。我只想说一句,我确实没有为了出名而去钻营。我经常说,我少无大志,中无大志,老也无大志。这都是实情。能够有点小名小利,自己也就满足了。可是现在的情况却不是这样子。已经有了几本传记,听说还有人正在写作。至于单篇的文章数量更大。其中说的当然都是好话,当然免不了大量溢美之词。别人写的传记和文章,我基本上都不看。我感谢作者,他们都是一片好心。我经常说,我没有那样好,那是对我的鞭策和鼓励。

我感到惭愧。

常言道:"人怕出名猪怕壮。"一点小小的虚名竟能给我招来这样的麻烦,不身历其境者是不能理解的。麻烦是错综复杂的,我自己也理不出个头绪来。我现在,想到什么就写点什么,绝对是写不全的。首先是出席会议。有些会议同我关系实在不大。但却又非出席不行,据说这涉及会议的规格。在这一顶大帽子下面,我只能勉为其难了。其次是接待来访者,只这一项就头绪万端。老朋友的来访，什么时候都会给我带来欢悦，不在此列。我讲的是陌生人的来访，学校领导在我的大门上贴出布告：谢绝访问。但大多数人却熟视无睹，置之不理，照样大声敲门。外地来的人，其中多半是青年人，不远千里，为了某一些原因，要求见我。如见不到，他们能在门外荷塘旁等上几个小时，甚至住在校外旅店里，每天来我家附近一次。他们来的目的多种多样；但是大体上以想上北大为最多。他们慕北大之名；可惜考试未能及格。他们错认我有无穷无尽的能力和权力，能帮助自己。另外想到北京找工作也有，想找我签个名照张相的也有。这种事情说也说不完。我家里的人告诉他们我不在家。于是我就不敢在临街的屋子里抬头，当然更不敢出门，我成了"囚徒"。其次是来信。我每天都会收到陌生人的几封信。有的也多与求学有关。有极少数的男女大孩子向我诉说思想感情方面的一些问题和困惑。据他们自己说，这些事连自己的父母都没有告诉。我读了真正是万分感动，遍体温暖。我有何德何能，竟能让纯真无邪的大孩子如此信任！据说，外面传说，我每信必复。我最初确实有这样的愿望。但是，时间和精力都有限。只好让李玉洁女士承担写回信的任务。这个任务成了德国人口中常说的"硬核桃"。其次是寄来的稿子，要我"评阅"，提意见，写序言，甚至推荐出版。其中有洋洋数十万言之作。我哪里有能力有时间读这些原稿呢？有时候往旁边一放，为新来的信件所覆盖。过了不知多少时候，原作者来信催还原稿。这却使我作了难。"只在此室中，书深不知处"了。如果原作者只有这么一本原稿，那我的罪孽可就大了。其次是要求写字的人多，求我的"墨宝"，有的是楼台名称，有的是展览会的会名，有的是书名，有的是题词，总之是花样很多。一提"墨宝"，我就汗颜。小时候确实练过字。但是，一入大学，就再没有练过书法，以后长期居住在国外，连笔墨都看不见，何来"墨宝"。现在，到了老年，忽然变成了"书法家"，竟还有人把我的"书法"拿到书展上去示众，我自己都觉得可笑！有比较老实的人，暗示给我：他们所求的不过"季羡林"三个字。这样一来，我的心反而平静了一点，下定决心：你不怕丑，我就敢写。其次是广播电台，电视台，还有一些什么台，以及一些报刊杂志编辑部的录像采访。这使我最感到麻烦。我也会说一些谎话的；但我的本性是有时嘴上没遮掩，有时说溜了嘴，在过去，你还能耍点无赖，硬不承认。今天他们人人手里都有录音机，"君子一言，驷马难追"，同他们订君子协定，答应删掉；但是，多数是原封不动，合盘端出，让你哭笑不得。上面的这一段诉苦已经够长的了；但是还远远不够，苦再诉下去，也了无意义，就此打住。

我虽然有这样多麻烦，但我并没有被麻烦压倒。我照常我行我素，做自己的工作。我一向关心国内外的学术动态。我不厌其烦地鼓励我的学生阅读国内外与自己研究工作有关的学术刊物。一般是浏览，重点必须细读。为学贵在创新。如果连国内外的新都不知道，你的新何从创起？我自己很难到大图书馆看杂志了。幸而承蒙许多学术刊物的主编不弃，定期寄赠。我才得以拜读，了解了不少当前学术研究的情况和结果，不致闭目塞听。我自己的研究工作仍然照常进行。遗憾的是，许多多年来就想研究的大题目，曾经积累过一些材料，现在拿起来一看，顿时想到自己的年龄，只能像玄奘当年那样，叹一口气说："自量气力，不复办此。"

对当前学术研究的情况，我也有自己的一套看法，仍然是顿悟式地得来的。我觉得，在过去，人文社会科学学者在进行科研工作时，最费时间的工作是搜集资料，往往穷年累月，还难以获得多大成果。现在电子计算机光盘一旦被发明，大部分古籍都已收入。不费吹灰之力，就能涸泽而渔。过去最繁重的工作成为最轻松的了。有人可能掉以轻心，我却有我的忧虑。将来的文章由于资料丰满可能越来越长，而疏漏则可能越来越多。光盘不可能把所有的文献都吸引进去，而且考古发掘还会不时有新的文献呈现出来。这些文献有时候比已有的文献还更重要，万万不能忽视的。好多人都承认，现在学术界急功近利浮躁之风已经有所抬头，剽窃就是其中最显著的表现，这应该引起人们的戒心。我在这里抄一段朱子的话，献给大家。朱子说："圣人言语，一步是一步。近来一类议论，只是跳踯。初则两三步做一步，甚则十数步做一步，又甚则千百步作一步。所以学之者皆颠狂。"（《朱子语类》124）。愿与大家共勉力戒之。

2002年

满招损，谦受益

这本来是中国一句老话，来源极古，《尚书·大禹谟》中已经有了，以后历代引用不辍，一直到今天，还经常挂在人们嘴上。可见此话道出了一个真理，经过将近三千年的检验，益见其真实可靠。

这话适用于干一切工作的人，做学问何独不然？可是，怎样来解释呢？

根据我自己的思考与分析，满（自满）只有一种：真。假自满者，未之有也。吹牛皮，说大话，那不是自满，而是骗人。谦（谦虚）却有两种，一真一假。假谦虚的例子，真可以说是俯拾即是。故作谦虚状者，比比皆是。中国人的"菲酌"、"拙作"之类的词，张嘴即出。什么"指正"、"斧正"、"哂正"之类的送人自己著作的谦辞，谁都知道是假的，然而谁也必须这样写。这种谦辞已经深入骨髓，不给任何人留下任何印象。日本人赠人礼品，自称"粗品"者，也属于这一类。这种虚伪的谦虚不会使任何人受益。

西方人无论如何也是不能理解的。为什么拿"菲酌"而不拿盛宴来宴请客人？为什么拿"粗品"而不拿精品送给别人？对西方人简直是一个谜。

我们要的是真正的谦虚，做学问更是如此。如果一个学者，不管是年轻的，还是中年的、老年的，觉得自己的学问已经够大了，没有必要再进行学习了，他就不会再有进步。事实上，不管你搞哪一门学问，绝不会有搞得完全彻底一点问题也不留的。人即使能活上1000年，也是办不到的。因此，在做学问上谦虚，不但表示这个人有道德，也表示这个人是实事求是的。听说康有为说过，他年届三十，天下学问即已学光。仅此一端，就可以证明，康有为不懂什么叫学问。现在有人尊他为"国学大师"，我认为是可笑的。他至多只能算是一个革新家。

在当今中国的学坛上，自视甚高者，所在皆是；而真正虚怀若谷者，则绝无仅有。我不认为这是一个好现象。有不少年轻的学者，写过几篇论文，出过几册专著，就傲气凌人。这不利于他们的进步，也不利于中国学术前途的发展。

我自己怎样呢？我总觉得自己不行。我常常讲，我是样样通，样样松。我一生勤奋不辍，天天都在读书写文章，但一遇到一个必须深入或更深入钻研的问题，就觉得自己知识不够，有时候不得不临时抱佛脚。人们都承认，自知之明极难；有时候，我却觉得，自己的"自知之明"过了头，不是虚心，而是心虚了。因此，我从来没有觉得自满过。这当然可以说是一个好现象。但是，我又遇到了极大的矛盾：我觉得真正行的人也如凤毛麟角。我总觉得，好多学人不够勤奋，天天虚度光阴。我经常处在这种心理矛盾中。别人对我的赞誉，我非常感激；但是，我并没有被这些赞誉冲昏了头脑，我头脑是清楚的。我只劝大家，不要全信那一些对我赞誉的话，特别是那些顶高得惊人的帽子，我更是受之有愧。

（本文选自《学海泛槎·总结》）

老年四"得"

著名的历史学家周一良教授，在他去世前的一段时间内，在一些公开场合，讲了他的或者他听到的老年健身法门。每一次讲，他都是眉开眼笑、眉飞色舞，十分投入。他讲了四句话：吃得进，拉得出，睡得着，想得开。这话我曾听过几次。我在心里第一个反应是：这有什么好讲的呢？不就是这样子吗？

一良先生不幸逝世以后，迫使我时常想到一些与他有关的事情，以上四句话，四个"得"，当然也在其中。我越想越觉得，这四句话确实很平凡；但是，人世间真正的真理不都是平凡的吗？真理蕴藏于平凡中，世事就是如此。

前三句话，就是我们所说的吃喝拉撒睡那一套，是每一个人每天都必须处理的，简直没有什么还值得考虑和研究的价值，但这是年轻人和某一些中年人的看法。当年我在清华大学读书的时候，从来没想到这四个"得"的问题，因为它们不成问题。当时听说一个个子高大的同学患失眠症，我大惊失色。我睡觉总是睡不够的，一个人怎么会能失眠呢？失眠对我来说简直像是一个神话。至于吃和拉，更是不在话下。每一顿饭，如果少吃了一点，则不久就感到饿意。二战期间我在德国时，饿得连地球都想吞下去（借用俄国文豪果戈里《巡按使》中的话）。有一次下乡帮助农民摘苹果，得到四五斤土豆，我回家后一顿吃光，幸而没有撑死。怎么能够吃不下呢？直到80岁，拉对我也从来没有成为问题。

可是，"如今一切都改变"。前三个"得"，对我都成问题了。三天两头，总要便秘一次。吃了三黄片或果导，则立即变为腹泻。弄得我束手无策，不知所措。至于吃，我可以说，现在想吃什么就有什么。然而有时却什么也不想吃。偶尔有点饿意，便大喜若狂，昭告身边的朋友们："我害饿了！"睡眠则多年来靠舒乐安定过日子。不值一提了。

我认为，周一良先生的四"得"的要害是第四个，也就是"想得开"。人，虽自称为"万物之灵"，对于其他生物可以任意杀害，也并不总是高兴的。常言道"不如意事常八九，可与言人无二三"，这两句话对谁都适合。连叱咤风云的君王和大独裁者，以及手持原子弹吓唬别的民族的新法西斯头子，也不会例外。对待这种情况，万应神药只有一味，就是"想得开"。可惜绝大多数人做不到。尤其是我提到的三种人。他们想不开，也根本不想想得开。最后只能成为不齿于人类的狗屎堆。

想不开的事情很多，但统而言之不出名利二字，所谓"名缰利索"者便是。世界上能有几人真正逃得出这个缰和这条索？对于我们知识分子，名缰尤其难逃。逃不出的前车之鉴比比皆是。周一良先生的第四"得",我们实在应深思。它不但适用于老年人,对中青年人也同样适用。

2002年6月16日

难得糊涂

清代郑板桥提出来的亦书写出来的"难得糊涂"四个大字,在中国,真可以说是家喻户晓,尽人皆知的。一直到今天,二百多年过去了,但在人们的文章里,讲话里,以及嘴中常用的口语中,这四个字还经常出现,人们都耳熟能详。

我也是难得糊涂党的成员。

不过,在最近几个月中,在经过了一场大病之后,我的脑筋有点开了窍。我逐渐发现,糊涂有真假之分,要区别对待,不能眉毛胡子一把抓。

什么叫真糊涂,而什么又叫假糊涂呢?

用不着作理论上的论证,只举几个小事例就足以说明了。例子就从郑板桥举起。

郑板桥生在清代乾隆年间,所谓康乾盛世的下一半。所谓盛世历代都有,实际上是一块其大无垠的遮羞布。在这块布下面,一切都照常进行。只是外寇来得少,人民作乱者寡,大部分人能勉强吃饱了肚子,"不识不知,顺帝之则"了。最高统治者的宫廷斗争,仍然是血腥淋漓,外面小民是不会知道的。历代的统治者都喜欢没有头脑没有思想的人,有这两个条件的只是士这个阶层。所以士一直是历代统治者的眼中钉。可离开他们又不行。于是胡萝卜与大棒并举。少部分争取到皇帝帮闲或帮忙的人,大致已成定局。等而下之,一大批士都只有一条向上爬的路科举制度。成功与否,完全看自己的运气。翻一翻《儒林外史》,就能洞悉一切。但同时皇帝也多以莫须有的罪名大兴文字狱,杀鸡给猴看。统治者就这样以软硬兼施的手法,统治天下。看来大家都比较满意。但是我认为,这是真糊涂,如影随形,就在自己身上,并不难得。

我的结论是:真糊涂不难得,真糊涂是愉快的,是幸福的。

此事古已有之,历代如此。楚辞所谓举世皆浊我独清,众人皆醉我独醒。所谓醉,就是我说的糊涂。

可世界上还偏有郑板桥这样的人,虽然人数极少极少,但毕竟是有的。他们为天地留了点正气。他已经考中了进士。据清代的一本笔记上说,由于他的书法不是台阁体,没能点上翰林,只能外放当一名知县,七品官耳。他在山东潍县做了一任县太爷,又偏有良心,同情小民疾苦,有在潍县衙斋里所作的诗为证。结果是上官逼,同僚挤,他忍受不了,只好丢掉乌纱帽,到扬州当八怪去了。他一生诗书画中都有一种愤懑不平之气,有如司马迁的《史记》。他倒霉就倒在世人皆醉而他独醒,也就是世人皆真糊涂而他独必须装糊涂,假糊涂。

我的结论是:假糊涂才真难得,假糊涂是痛苦,是灾难。

现在说到我自己。

我初进301医院的时候，始终认为自己患的不过是癣疥之疾。隔壁房间里主治大夫正与北大校长商议发出病危通告，我这里却仍然嬉皮笑脸，大说其笑话。终医院里的四十六天，我始终没有危急感。现在想起来，真正后怕。原因就在，我是真糊涂，极不难得，极为愉快。

我虔心默祷上苍，今后再也不要让真糊涂进入我身，我宁愿一生背负假糊涂这一个十字架。

2002年12月2日在301医院
于大夫护士嘈杂声中写成，亦一快事也。

从小康谈起

稚珊命题作文,我应命试作。

我们现在举国上下正在努力建设小康社会。但是,什么叫"小康"?我还没有看到权威性的解释。现在,我不揣冒昧对这个词儿来做一番解释。

在发达国家的大城市,特别是首都中,居民约略可以分为三个阶层。第一是大款,收入极高,人数极少,享用奢侈,匪夷所思。第二是中间阶层,人数相当多,收入不甚丰而花费有余。他们想吃什么,就吃什么;想穿什么,就穿什么。来自五湖四海普天下的产品,他们都能得到。他们决不像大款那样,一次宴会开支万金;但是,日子过得颇为舒适,颇为惬意,他们是满足的。至于第三阶层,人数颇多,收入拮据,日子过得不能称心如意,还不能算是小康社会。

上面讲的第二阶层,我认为就算是"小康"。拿这个例子来同北京比较一下,北京中间阶层的人可以说已经达到小康水平了。他们想要吃的，想要穿的，不管是来自天南，还是海北，而且还是一年四季的产品，他们都能够得到，难道这不就算是小康了吗？

但是，衡量小康的水平标准，不仅仅只有物质，而且还要有精神方面的东西，我们平常讲的人文素质就是指的精神方面的东西。一讲到人文素质，问题就复杂起来。我个人认为，有对全人类的要求，有对不同国家，不同民族的要求。前者的内容有：要正义不要邪恶；要和平不要战争；要友谊不要仇恨；要协商不要独断；要互助不要掠夺，如此等等，还可以列举许多。后者则复杂得多。国家不同，民族不同，文化和宗教的传统不同，人文素质的行为细则则必然不同。在这里需要的是相互理解，相互尊重。

如果拿世界上许多大都市已经进入小康境界的人们的人文素质的水平来同北京市（可能还有其他的大城市）的我以为已经达到小康水平的人们的人文素质水平来比较一下的话，我就不禁英雄气短。有一些爆发的小康者，骄矜，浮躁，忘乎所以。就以市民的平均水平而论，也存在着不少问题。我将在上海《新民晚报·夜光杯》上连续发表四篇谈公德的文章来谈这个问题，希望能起点作用。文明中国在这方面要做的事情还很多，这一点我们必须清醒。

我想在这里顺便谈一个问题。在现在这样消费高潮汹涌澎湃的时候，再谈节俭，是否已经过时，是否算是冥顽不灵？我认为不是这样，过去谈节俭是对个人，对自己的国家而言。而我现在讲的节俭是对人类而言的，大自然提供给人类的生活日用资料，毕竟不是像江上之清风、山间之明月那样取之不尽,用之不竭的,一个国家用多了,别的国家就会用少。就必将影响世界上广大的人民群众共同进入真正的小康境界。

2003年1月11日

同胞们说话声音放低一点

这是多么怪的问题。

但是请先冷静一下,别先进行批判。听我慢慢道来。

先举例子。事实胜于雄辩嘛。

好多年前,我在《参考消息》上读到中国一个小有名气的音乐家,是什么院长,率领一个音乐家代表团到澳大利亚去访问。当然是住在高级饭店里。不久住同一楼的外籍人士就反应,他们要搬家。因为住同一层楼的中国客人说话声音实在太高,让人无法忍受。

我在德国的时候,一对中国夫妇生的一个小女孩,大概三岁了吧。一天忽然对父母说:Ihr zankt(你们吵架)。大概父母尚保留"国习",而女孩则由德国保姆带大,对"国习"很不习惯了。

我初到德国时,在柏林待了几个礼拜。我很少到中国饭馆去吃饭。因为此处是蒋宋孔陈冯居等要人的纨绔子弟或千金小姐会聚的地方。这批人我不敢说都不念书。但是,如果说,绝大部分不念书则是名副其实的。中国餐馆就是他们聚会之处。每到开饭时，一进门，一股乌烟瘴气，扑面而来。里面人声鼎沸，呱哒嘴的声音，仿佛是给这个大混乱敲着鼓点。这情况在国内司空见惯，不图又见于异域柏林。我在大吃一惊之余，赶快逃走，另找一个德国饭馆去吃饭。

年来多病，频频住院。按道理说，医院是最需要肃静的地方。

然而在住的医院中，男大夫们往往说话声音极高，护士们是女孩子，说话轻声细语。

我个人认为，说话是传递思想必要的工具。说话声音高到只要让对方（聋子除外）听懂就行了，不必要求每个人都是帕瓦罗蒂。

指责中国人民陋习的文章，古今中外，所在都有。有的是真正的陋习，如随地吐痰。有的也出于偏见。但是，不管有多少陋习，也无法掩去中华民族之伟大。可是，话又说了回来，有陋习，改掉之，不更能显出我们民族的伟大吗？

陋习的种类极多极多。不过把说话声音高也算作陋习，过去却没有见过。有之自不佞始。

2003年6月14日

第二辑　有所为，有所不为——关于品质

"为"，就是"做"。应该做的事，必须去做，这就是"有为"。不应该做的事必不能做，这就是"有不为"。……我觉得，只要诉诸一般人都能够有的良知良能，就能分辨清是非善恶了，就能知道什么事应该做，什么事不应该做了。

——《有为有不为》

在尘世间，一个人的荣华富贵，有的甚至如昙花一现。一旦失意，则如树倒猢狲散，那些得意时对你趋附的人，很多会远远离开你，这也罢了。个别人会"反戈一击"，想置你于死地，对新得意的人趋炎附势。这种人当然是极少极少的，然而他们是人类社会的蛀虫，我们必须高度警惕。

——《趋炎附势》

尊师重道[1]

《礼记·学记》说:"凡学之道,严师为难。师严,然后道尊;道尊,然后民知敬学。"郑玄注:"严,尊敬也。尊师重道焉。"从那以后,"尊师重道"这句话,就广泛流行于神州大地。这也确实反映了中华民族优秀文化的一个方面,不只是停留在字面上。

先师陈寅恪先生在《王观堂先生挽词·序》中说:"吾中国文化之定义,具于《白虎通》三纲六纪之说,其意义为抽象理想最高之境,犹希腊柏拉图所谓idea者。""六纪"中之一纪即为师长。可见尊师也属于抽象理想最高之境,是中华民族优秀文化传统的一个组成部分,绝不可等闲视之。

我并不是说,西方国家不尊重师长。然而同中国比较起来,犹如小巫见大巫,迥乎不侔矣。因此,谁要是想找一个尊师重道的大

---

[1] 本文为季羡林先生为童宗盛选编的《最可敬的人——中国大学校长忆恩师》一书所作的序。标题为编者所加。

国，他必须到中国来。

尊师重道的传统，在中国流传了几千年。到了"十年空前浩劫"期间，遭到了毁灭性的破坏。"拨乱反正"以后，虽有所恢复，然而已非昔比了。好学深思之士，关心我国文化教育发展的前途，悒然忧之。

现在，童宗盛先生编选了这一部《最可敬的人——中国大学校长忆恩师》。这虽然只能说是尊师重道的一个方面，然而其意义是绝不能低估的。如果我说，童宗盛先生是颇有一点"挽狂澜于既倒"的劲头的，这恐怕绝非过誉吧。我相信，全国有识之士，承认尊师重道的必要性的人，关心中华文化教育发展的人，志在弘扬中华优秀文化的人，会欢迎这一部书的。因此，我怀着愉快而又渴望的心情，写了这一篇短序。

1993年6月30日

漫谈撒谎

一

世界上所有的堂堂正正的宗教，以及古往今来的贤人哲士，无不教导人们：要说实话，不要撒谎。笼统来说，这是无可非议的。

最近读日本稻盛和夫、梅原猛著，卞立强译的《回归哲学》，第四章有梅原和稻盛二人关于不撒谎的议论。梅原说："不撒谎是最起码的道德。自己说过的事要实行，如果错了就说错了——我希望现在的领导人能做到这样最普通的事。苏格拉底可以说是最早的哲学家。在苏格拉底之前有些人自称是诡辩家、智者。所谓诡辩家，就是能把白的说成黑的，站在A方或反A方同样都可以辩论。这样的诡辩家教授辩论术，曾经博得人们欢迎。原因是政治需要颠倒黑白的辩论术。"

在这里，我想先对梅原的话加上一点注解。他所说的"现在领导人"，指的是像日本这样国家的政客。他所说的"政治需要颠倒黑白的辩论术",指的是古代希腊的政治。

梅原在下面又说:"苏格拉底通过对话揭露了掌握这种辩论术的诡辩家的无智。因而他宣称自己不是诡辩家,不是智者,而是'爱智者'。这是最初的哲学。我认为哲学家应当回归其原点,恢复语言的权威。也就是说,道德的原点是'不撒谎'……不撒谎是道德的基本和核心。"

梅原把"不撒谎"提高到"道德原点"的高度,可见他对这个问题是多么重视,我们且看一看他的对话者稻盛是怎样对待这个问题的。稻盛首先表示同意梅原的意见。可是,随后他就撒谎问题做了一些具体的分析。他讲到自己的经历。他说,有一个他景仰的颇有点浪漫气息的人对他说:"稻盛,不能说假话,但也不必说真话。"他听了这话,简直高兴得要跳起来。接着他就写了下面一段话:"我从小父母也是严格教导我不准撒谎。我当上了经营的负责人之后,心里还是这么想:说谎可不行啊!可是,在经营上有关企业的机密和人事等问题,有时会出现很难说真话的情况。我想我大概是为这些难题苦恼时而跟他商量的。他的这种回答在最低限度上贯彻了'不撒谎'的态度,但又不把真实情况和盘托出。这样就可以求得局面的打开。"

上面我引用了两位日本朋友的话,一位是著名的文学家,一位是著名的企业家,他们俩都在各自的行当内经过了多年的考验磨炼,都富于人生经验。他们的话对我们会有启发的。我个人觉得,稻盛引用的他那位朋友的话,"不能说假话,但也不必说真话",最值得我们深思。我的意思就是,对撒谎这类社会现象,我们要进行细致的分析。

二

我们中国的父母，同日本稻盛的父母一样，也总是教导子女：不要撒谎。可怜天下父母心，总希望自己的子女能做一个堂堂正正的人，一个诚实可靠的人。如果子女撒谎成性，就觉得自己脸面无光。

不但父母这样教导，我们从小受教育也接受这样要诚实、不撒谎的教育。我记得小学教科书上讲了一个故事，内容是：一个牧童在村外牧羊。有一天忽然想出了一个坏点子，大声狂呼："狼来了！"村里的人听到呼声，都争先恐后地拿上棍棒，带上斧刀，跑往村外。到了牧童所在的地方，那牧童却哈哈大笑，看到别人慌里慌张，觉得很开心，又很得意。谁料过了不久，果真有狼来了。牧童再狂呼时，村里的人都毫无动静，他们上当受骗一次，不想再蹈覆辙。牧童的结果怎样，就用不着再说了。

所有这一些教导都是好的，但是也有一个共同的缺点，就是缺乏分析。

上面我说到，稻盛对撒谎问题是进行过一些分析的。同样，几百年前的法国大散文家蒙田（1533—1592年），对撒谎问题也是做过分析的。在《蒙田随笔》上卷，第九章《论撒谎者》，蒙田写道："有人说，感到自己记性不好的人，休想成为撒谎者，这样说不无道理。我知道，语法学家对说假话和撒谎是做区别的。他们说,说假话是指说不真实的,但却信以为真的事,而撒谎一词源于拉丁语(我们的法语就源于拉丁语),这个词的定义包含违背良知的意思,因此只涉及那些言与心违的人。"

大家一琢磨就能够发现,同样是分析,但日本朋友和蒙田的着眼点和出发点,都是不同的。其间区别是相当明显,用不着再来啰唆。

记得鲁迅先生有一篇文章,讲的是一个阔人生子庆祝,宾客盈门,竞相献媚。有人说:此子将来必大富大贵。主人喜上眉梢。又有人说:此子将来必长命百岁。主人乐在心头。忽然有一个人说:此子将来必死。主人怒不可遏。但是,究竟谁说的是实话呢?

写到这里,我自己想对撒谎问题来进行点分析。我觉得,德国人很聪明,他们有一个词儿notluege,意思是"出于礼貌而不得不撒的谎"。一般说来,不撒谎应该算是一种美德,我们应该提倡。但是不能顽固不化。假如你被敌人抓了去,完全说实话是不道德的,而撒谎则是道德的。打仗也一样。我们古人说"兵不厌诈",你能说这是不道德吗?我想,举了这两个小例子,大家就可以举一反三了。

1996年12月7日

趋炎附势

写了《世态炎凉》,必须写《趋炎附势》。前者可以原谅,后者必须切责。

什么叫"炎"?什么叫"势"?用不着咬文嚼字,指的不过是有权有势之人。什么叫"趋"?什么叫"附"?也用不着咬文嚼字,指的不过是巴结、投靠、依附。这样干的人,古人称之为"小人"。

趋附有术,其术多端,而归纳之,则不出三途:吹牛、拍马、做走狗。借用太史公的三个字而赋予以新义,曰牛、马、走。

现在先不谈第一和第三,只谈中间的拍马。拍马亦有术,其术亦多端。就其大者或最普通者而论之,不外察言观色,胁肩谄笑,攻其弱点,投其所好。但是这样做,并不容易,这里需要聪明,需要机警,运用之妙,存乎一心。这是一门大学问。

记得在某一部笔记上读到过一个故事。某书生在阳间善于拍马。死后见到阎王爷,他知道阴间同阳间不同,阎王爷威严猛烈,动不动就让死鬼上刀山,入油锅。他连忙跪在阎王爷座前,坦白承认自己在阳间的所作所为,说到动情处,声泪俱下。他恭颂阎王爷执法严明,不给人拍马的机会。这时阎王爷忽然放了一个响屁。他跪行向前,高声论道:"伏惟大王洪宣宝屁,声若洪钟,气比兰麝。"于是阎王爷"龙"颜大悦,既不罚他上刀山,也没罚他入油锅,生前的罪孽,一笔勾销,让他转生去也。

笑话归笑话,事实还是事实,人世间这种情况还少吗?古今皆然,中外同归。中国古典小说中,有很多很多的靠拍马屁趋炎附势的艺术形象。《今古奇观》里面有,《红楼梦》里面有,《儒林外史》里面有,最集中的是《官场现形记》和《二十年目睹之怪现状》。

在尘世间,一个人的荣华富贵,有的甚至如昙花一现。一旦失意,则如树倒猢狲散,那些得意时对你趋附的人,很多会远远离开你,这也罢了。个别人会"反戈一击",想置你于死地,对新得意的人趋炎附势。这种人当然是极少极少的,然而他们是人类社会的蛀虫,我们必须高度警惕。

我国的传统美德,对这类蛀虫,是深恶痛绝的。孟子说:"胁肩谄笑,病于夏畦。"我在上面列举的小说中,之所以写这类蛀虫,绝不是提倡鼓励,而是加以鞭笞,给我们竖立一面反面教员的镜子。我们都知道,反面教员有时候是能起作用的,有了反面,才能更好地、更鲜明地凸出正面。这大大有利于发扬我国优秀的道德传统。

1997年3月27日

谦虚与虚伪

在伦理道德的范畴中,谦虚一向被认为是美德,应该扬;而虚伪则一向被认为是恶习,应该抑。

然而,究其实际,二者间有时并非泾渭分明,其区别间不容发。谦虚稍一过头,就会成为虚伪。我想,每个人都会有这种体会的。

在世界文明古国中,中国是提倡谦虚最早的国家。在中国最古的经典之一的《尚书·大禹谟》中就已经有了"满招损,谦受益,时(是)乃天道"这样的教导,把自满与谦虚提高到"天道"的水平,可谓高矣。从那以后,历代的圣贤无不张皇谦虚,贬抑自满。一直到今天,我们常用的词汇中仍然有一大批与"谦"字有联系的词儿,比如"谦卑"、"谦恭"、"谦和"、"谦谦君子"、"谦让"、"谦顺"、"谦虚"、"谦逊"等等,可见"谦"字之深入人心,久而愈彰。

我认为,我们应当提倡真诚的谦虚,而避免虚伪的谦虚,后者与虚伪间不容发矣。

可是在这里我们就遇到了一个拦路虎：什么叫"真诚的谦虚"？什么又叫"虚伪的谦虚"？两者之间并非泾渭分明，简直可以说是因人而异，因地而异，因时而异，掌握一个正确的分寸难于上青天。

最突出的是因地而异，"地"指的首先是东方和西方。在东方，比如说中国和日本，提到自己的文章或著作，必须说是"拙作"或"拙文"。在西方各国语言中是找不到相当的词儿的。尤有甚者，甚至可能产生误会。中国人请客，发请柬必须说"洁治菲酌"，不了解东方习惯的西方人就会满腹疑团：为什么单单用"不丰盛的宴席"来请客呢？日本人送人礼品，往往写上"粗品"二字，西方人又会问：为什么不用"精品"来送人呢？在西方，对老师，对朋友，必须说真话，会多少，就说多少。如果你说，这个只会一点点儿，那个只会一星星儿，他们就会信以为真，在东方则不会。这有时会很危险的。至于吹牛之流，则为东西方同样所不齿，不在话下。

可是怎样掌握这个分寸呢？我认为，在这里，真诚是第一标准。虚怀若谷，如果是真诚的话，它会促你永远学习，永远进步。有的人永远"自我感觉良好"，这种人往往不能进步。康有为是一个著名的例子。他自称，年届而立，天下学问无不掌握。结果说康有为是一个革新家则可，说他是一个学问家则不可。较之乾嘉诸大师，甚至清末民初诸大师，包括他的弟子梁启超在内，他在学术上是没有建树的。

总之，谦虚是美德，但必须掌握分寸，注意东西。在东方谦虚涵盖的范围广，不能施之于西方，此不可不注意者。然而，不管东方或西方，必须出之以真诚。有意的过分的谦虚就等于虚伪。

1998年10月3日

我们为什么有时候应当说谎

我已经在"夜光杯"上写过两篇《论撒谎》的短文,我对这个问题已经阐述得差不多了,本不应,也不想再来饶舌了。但是,我最近在《书摘》1998年11期上读到了摘自何怀宏先生的《底线伦理》的名曰"我们为什么不应当说谎?"的文章,心有所感,便写了这一篇短文。

何文在开始前就用黑体字写了或引了一段话:"说谎不仅是对直接受骗者的伤害,也是整个社会的伤害。"这个纲上得够高的了。下面在文章中,作者首先说:"说谎本身即恶,诚实本身即善。"然后根据康德的学说,对说谎做了哲学的分析,康德认为:说谎由于人本身的性质而要自己否定自己。作者在下面又根据康德的学说对说谎进行了分析。他首先提出了普遍化原则。他说:"它(指说谎——引者)一旦被试以能否普遍化的原则,就要自相矛盾,自行取消。"接着他又提出了说谎违反了人是目的的原则,说谎者把人仅仅作为手段,而不是目的。他进一步又说,说谎也可以是违反了意志自律的原则。以上是康德的三原则。

作者接着又阐述了自己的观点。他认为，康德不赞同根据效果来进行道德论证，他却说有必要把效果也考虑进来。他的结论是：说谎从其性质和效果上都是一件坏事，而诚实却从两方面来说都是一件好事。

我不懂哲学，不喜欢哲学，但是从我的日常经验来说，我总觉得这是哲学家之论，书生之论，秀才之论。崇诚实而抑说谎无疑是正确的。但是，我们必考虑场合，考虑说谎的性质。在敌人的法庭上，在夹棍、油锅等等逼供刑具的威胁下，你能对敌人诚实吗？你能把自己方面的秘密诚实地和盘托出吗？在这样的场合下，诚实反而是罪恶，而说谎则是美德。

即使在我们日常生活中，也会常常碰到说实话与说谎话的矛盾。比如有人请你去开会，你因某一些原因不想去，那么，你就可以说：已经有了别的安排，或者说身体不适。这样一来，如果对方是聪明人的话，他会心照不宣，双方都保持了面子。如果你想遵守诚实的原则，直白地说："你们的会不够格，我不想去参加。"对方会被置于尴尬的境地，气量小者则会勃然大怒。双方本来有的友谊可能因此而破裂。这样的谎言我们几乎常常会说，它对双方都无害。它不但不是非道德的，而是必要的。对保持人与人关系的安定团结，是不可或缺的。

我再重复一遍，我不是哲学家，也不是伦理学家，但是，我说的话，虽然看上去是幼儿园的水平，可都是大实话。

1998年11月18日

道德问题[1]

道德讲善恶，讲好坏，讲是非，等等。那么，什么是善，是好，是是呢？我们可以说：自己生存，也让别的人或动植物生存，这就是善。只考虑自己生存不考虑别人生存，这就是恶。《三国演义》中说曹操有言："宁教我负天下人，休教天下人负我。"这是典型的恶。要一个人不为自己的生存考虑，是不可能的，是违反人性的。只要能做到既考虑自己也考虑别人，这一个人就算及格了，考虑别人的百分比愈高，则这个人的道德水平也就愈高。百分之百考虑别人，所谓"毫不利己，专门利人"，是做不到的，那极少数为国家、为别人牺牲自己性命的，用一个哲学家的现成的话来说是出于"正义行动"。

只有人类这个"万物之灵"才能做到既为自己考虑，也能考

---

[1] 本篇节选自作者1999年3月在台北法鼓人文社会学院召开的"人文关怀与社会实践系列——人的素质学术研讨会"上的讲话《关于人的素质的几点思考》。

博學 創新 敬業 求實

季羨林

虑到别人的利益。一切动植物是绝对做不到的,它们根本没有思维能力。它们没有自律,只有他律,而这他律就来自大自然或者造物主。人类能够自律,但也必须辅之以他律。康德所谓"消极义务",多来自他律。他讲的"积极义务",则多来自自律。他律的内容很多,比如社会舆论、道德教条等等都是。而最明显的则是公安局、检察机构、法院。

写到这里,我想把话题扯远一点,才能把我想说的问题说明白。

人生于世,必须处理好三个关系:一、人与人自然的关系,那也称之为"天人关系";二、人与人的关系,也就是社会关系;三、人自己的关系,也就是个人思想感情矛盾与平衡的问题。这三个关系处理好,人就幸福愉快;否则就痛苦。

在处理第一个关系时,也就是天人关系时,东西方,至少在指导思想方向上截然不同。西方主"征服自然"(to conquer the nature），《天演论》的"物竞天择，适者生存"，即由此而出。但是天或大自然是能够报复的，能够惩罚的。你"征服"得过了头，它就报复。比如砍伐森林，砍光了森林，气候就受影响，洪水就泛滥。世界各地都有例可证。今年大陆的水灾，根本原因也在这里。这只是一个小例子，其余可依此类推。学术大师钱穆先生一生最后一篇文章《中国文化对人类未来可有的贡献》，讲的就是"天人合一"的问题，我冒昧地在钱老文章的基础上写了两篇补充的文章，我复印了几份，呈献给大家，以求得教正。

"天人合一"是中国哲学史上一个重要命题，解释纷纭，莫衷一是。钱老说："我曾说'天人合一'论，是中国文化对人类最大的贡献。"我的补充明确地说，"天人合一"就是人与大自然要合一，要和平共处，不要讲征服与被征服。西方近二百年以来，对大自然征服不已，西方人以"天之骄子"自居，骄横不可一世，结果就产生了我在上文第一章里补充的那一些弊端或灾害。钱宾四先生文章中讲的"天"似乎重点是"天命"，我的"新解"，"天"是指的大自然。这种人与大自然要和谐相处的思想，不仅仅是中国思想的特征，也是东方各国思想的特征。这是东西文化思想分道扬镳的地方。在中国，表现这种思想最明确的无过于宋代大儒张载，他在《西铭》中说："民，吾同胞；物，吾与也。""物"指的是天地万物。佛教思想中也有"天人合一"的因素，韩国吴亨根教授曾明确地指出这一点来。佛教基本教规之一的"五戒"中就有戒杀生一条，同中国"物与"思想一脉相通。

1999年3月

谈孝

孝,这个概念和行为,在世界上许多国家中都是有的,而在中国独为突出。中国社会,几千年以来就是一个宗法伦理色彩非常浓的社会,为世界上任何国家所不及。

中国人民一向视孝为最高美德。嘴里常说的,书上常讲的三纲五常,又是什么三纲六纪,哪里也不缺少父子这一纲。具体地应该说"父慈子孝"是一个对等的关系。后来不知道是怎么一来,只强调"子孝",而淡化了"父慈",甚至变成了"天下无不是的父母"。古书上说:"身体肤发,受之父母",一个人的身体是父母给的,父母如果愿意收回去,也是可以允许的了。

历代有不少皇帝昭告人民:"以孝治天下",自己还装模作样,尽量露出一副孝子的形象。尽管中国历史上也并不缺少为了争夺王位导致儿子弑父的记载。野史中这类记载就更多。但那是天子的事,老百姓则是绝对不能允许的。如果发生儿女杀父母的事,皇帝必赫然震怒,处儿女以极刑中的极刑:万剐凌迟。在中国流传时间极长而又极广的所谓"教孝"中,就有一些提倡愚孝的故事,比如王祥卧冰、割股疗疾等等都是迷信色彩极浓的故事,产生了不良的影响。

但是中华民族毕竟是一个极富于理性的民族。就在已经被视为经典的《孝经·谏诤章》中,我们可以读到下列的话:

> 昔者天子有诤臣七人,虽无道,不失其天下;诸侯有诤臣五人,虽无道,不失其国;大夫有诤臣三人,虽无道,不失其家;士有诤友,则身不离于令名;父有诤子,则身不陷于不义。故当不义,则子不可以不诤于父,臣不可以不诤于君;故当不义,则诤之,从父之令,又焉得为孝乎?

这话说得多么好呀,多么合情合理呀!这与"天下无不是的父母"这一句话形成了鲜明的对立。后者只能归入愚孝一类,是不足取的。到了今天,我们应该怎样对待孝呢?我们还要不要提倡孝道呢?据我个人的观察,在时代变革的大潮中,孝的概念确实已经淡化了。不赡养老父老母,甚至虐待他们的事情,时有所闻。我认为,这是不应该的,是影响社会安定团结的消极因素。我们当然不能再提倡愚孝;但是,小时候父母抚养子女,没有这种抚养,儿女是活不下来的。父母年老了,子女来赡养,就不说是报恩吧,也是合乎人情的。如果多数子女不这样做,我们的国家和社会能负担起这个任务来吗?这对我们迫切要求的安定团结是极为不利的。这一点简单的道理,希望当今为子女者三思。

1999年5月14日

坏人

积将近九十年的经验,我深知世界上确实是有坏人的。乍看上去,这个看法的智商只能达到小学一年级的水平。这就等于说"每个人都必须吃饭"那样既真实又平庸。

可是事实上我顿悟到这个真理,是经过了长时间的观察与思考的。

我从来就不是性善说的信徒,毋宁说我是倾向性恶说的。古书上说"天命之谓性","性"就是我们现在常说的"本能",而一切生物的本能是力求生存和发展,这难免引起生物之间的矛盾,性善又何从谈起呢?

那么,什么又叫作"坏人"呢?记得鲁迅曾说过,干损人利己的事还可以理解,损人又不利己的事千万干不得。我现在利用鲁迅的话来给坏人作一个界定:干损人利己的事是坏人,而干损人又不利己的事,则是坏人之尤者。

空口无凭,不妨略举两例。一个人搬到新房子里,照例大事装修，而装修的方式又极野蛮，结果把水管凿破，水往外流。住在楼下的人当然首蒙其害，水滴不止，连半壁墙都浸透了。然而此人却不闻不问，本单位派人来修，又拒绝入门。倘若墙壁倒塌，楼下的人当然会受害，他自己焉能安全！这是典型的损人又不利己的例子。又有一位"学者"，对某一种语言连字母都不认识，却偏冒充专家，不但在国内蒙混过关，在国外也招摇撞骗。有识之士皆嗤之以鼻。这又是一个典型的损人而不利己的例子。

根据我的观察，坏人，同一切有毒的动植物一样，是并不知道自己是坏人的，是毒物的。鲁迅翻译的《小约翰》里讲到一个有毒的蘑菇听人说它有毒，它说：这是人话。毒蘑菇和一切苍蝇、蚊子、臭虫等等，都不认为自己有毒。说它们有毒，它们大概也会认为：这是人话。可是被群众公推为坏人的人，他们难道能说：说他们是坏人的都是人话吗？如果这是"人话"的话，那么他们自己又是什么呢？

根据我的观察，我还发现，坏人是不会改好的。这有点像形而上学了。但是，我却没有办法。天下哪里会有不变的事物呢？哪里会有不变的人呢？我观察的几个"坏人"偏偏不变。几十年前是这样，今天还是这样。我想给他们辩护都找不出词儿来。有时候，我简直怀疑，天地间是否有一种叫作"坏人基因"的东西？可惜没有一个生物学家或生理学家提出过这种理论。我自己既非生物学家，又非生理学家，只能凭空臆断。我但愿有一个坏人改变一下，改恶从善，堵住了我的嘴。

1999年7月24日

论说假话

我曾在本栏发表过两篇论撒谎的千字文。现在我忽发奇想,想把撒谎或者说谎和说假话区别开来,我认为二者之间是有一点区别的,不管是多么微妙,毕竟还是有区别。我认为,撒谎有利于自己,多一半却有害于别人。说假话或者不说真话,则彼此两利。

空口无凭,事例为证。有很多人有了点知名度,于是社会活动也就多了起来。今天这里召开座谈会,明天那里举行首发式,后天又有某某人的纪念会,如此等等,不一而足。事实上是不可能全参加的,而且从内心深处也不想参加。在这样的情况下,如果都说实话的话:"我不愿意参加,我讨厌参加!"那就必然惹得对方不愉快,甚至耿耿于怀,见了面不跟你打招呼。如果你换一种方式,换一个口气,说:"很对不起,我已经另有约会了。"或者干脆称病不出,这样必能保住对方的面子。即使他知道你说的不是真话,也无大碍,所谓心照不宣者,即此是也。中国是最爱面子的国家,彼此保住面子,大大有利于安定团结,切莫把这种事看作无足轻重。

保住面子不就是两利吗?

我认为,这只是说假话或者不说真话,而不是撒谎。

《三国演义》中记载了一个小故事。有一次,曹操率兵出征,行军路上缺了水,士兵都渴得难忍难耐。曹操眉头一皱,计上心头,坐在马上,用马鞭向前一指,说"前面有一片梅子林"。士兵马上口中生津,因为梅子是酸的。于是难关度过,行军照常。曹操是不是撒了谎?当然是的。但是这个谎又有利于士兵,有利于整个军事行动。算不算是只是说了点假话呢?我不敢妄自评断。

有人说:我们在社会上,甚至在家庭中,都是戴着假面具生活的。这句话似乎有点过了头。但是我们确实常戴面具,又是一个无法否认的事实。现在各商店都大肆提倡微笑服务。试问:售货员的微笑都是真的吗?都没有戴面具吗?恐怕不是,大部分的微笑只能是面具,社会效益和经济效益取决于戴面具熟练的水平。有的售货员有戴面具的天才,有假微笑的特异功能,则能以假乱真,得到了顾客的欢心,寄来了表扬信,说不定还与工资或红包挂上钩。没有这种天才的人,勉强微笑,就必然像电影《瞧这一家子》中陈强的微笑,令顾客毛骨悚然。结果不但拿不到红包,还有被炒鱿鱼的危险。在这里我联想到"顾客是上帝"这个口号,这是完全不正确的,买卖双方,地位相等,哪里有什么上帝!这口号助长了一些尖酸刻薄挑剔成性的顾客的威风,并不利于社会上的安定团结。

总之,我认为,在日常社会交往中,说几句假话,露出点不是出自内心的假笑,还是必要的,甚至是不可避免的。

2000年1月30日

有为有不为

"为",就是"做"。应该做的事,必须去做,这就是"有为"。不应该做的事必不能做,这就是"有不为"。

在这里,关键是"应该"二字。什么叫"应该"呢?这有点像仁义的"义"字。韩愈给"义"字下的定义是"行而宜之之谓义"。"义"就是"宜",而"宜"就是"合适",也就是"应该",但问题仍然没有解决。要想从哲学上,从伦理学上,说清楚这个问题,恐怕要写上一篇长篇论文,甚至一部大书。我没有这个能力,也认为根本无此必要。我觉得,只要诉诸一般人都能够有的良知良能,就能分辨清是非善恶了,就能知道什么事应该做,什么事不应该做了。

中国古人说:"勿以善小而不为,勿以恶小而为之。"可见善恶是有大小之别的,应该不应该也是有大小之别的,并不是都在一个水平上。什么叫大,什么叫小呢?这里也用不着烦琐的论证,只须动一动脑筋,睁开眼睛看一看社会,也就够了。

小恶、小善，在日常生活中随时可见，比如，在公共汽车上给老人和病人让座，能让，算是小善；不能让，也只能算是小恶，够不上大逆不道。然而，从那些一看到有老人或病人上车就立即装出闭目养神的样子的人身上，不也能由小见大看出了社会道德的水平吗？

至于大善大恶，目前社会中也可以看到，但在历史上却看得更清楚。比如宋代的文天祥。他为元军所虏。如果他想活下去，屈膝投敌就行了，不但能活，而且还能有大官做，最多是在身后被列入"贰臣传"，"身后是非谁管得"，管那么多干吗呀。然而他却高赋《正气歌》，从容就义，留下英名万古传，至今还在激励着我们全国人民的爱国热情。

通过上面举的一个小恶的例子和一个大善的例子，我们大概对大小善和大小恶能够得到一个笼统的概念了。凡是对国家有利，对人民有利，对人类发展前途有利的事情就是大善，反之就是大恶。凡是对处理人际关系有利，对保持社会安定团结有利的事情可以称之为小善，反之就是小恶。大小之间有时难以区别，这只不过是一个大体的轮廓而已。

大小善和大小恶有时候是有联系的。俗话说："千里之堤，溃于蚁穴。"拿眼前常常提到的贪污行为而论，往往是先贪污少量的财物，心里还有点打鼓。但是，一旦得逞，尝到甜头，又没被人发现，于是胆子越来越大，贪污的数量也越来越多，终至于一发而不可收拾，最后受到法律的制裁，悔之晚矣。也有个别的识时务者，迷途知返，就是所谓浪子回头者，然而难矣哉！

我的希望很简单,我希望每个人都能有为有不为。一旦"为"错了,就毅然回头。

2001年2月23日

漫谈伦理道德

现在,"以德治国"的口号已经响彻祖国大地。大家都认为,这个口号提得正确,提得及时,提得响亮,提得明白。但是,什么叫"德"呢?根据我的观察,笼统言之,大家都理解得差不多。如果仔细一追究,则恐怕是言人人殊了。

我不揣谫陋,想对"德"字进一新解。

但是,我既不是伦理学家,对哲学家们那些冗见别扭的分析阐释又不感兴趣,我只能用自己惯常用的野狐参禅的方法来谈这个问题。既称野狐,必有其不足之处;但同时也必有其优越之处,他没有教条,不见框框,宛如天马行空,驰骋自如,兴之所至,灵气自生,谈言微中,搔着痒处,恐亦难免。坊间伦理学书籍为数必多,我一不购买,二不借阅,唯恐读了以后"污染"了自己观点。

近若干年以来,我一直在考虑一个问题。人生一世,必须处理好三个关系:第一,人与大自然的关系,也就是天人关系;第二,人与人的关系,也就是社会关系;第三,个人身、口、意中正确与错误的关系，也就是修身问题。这三个关系紧密联系，互为因果，缺一不可。这些说法也许有人认为太空洞，太玄妙。我看有必要分别加以具体的说明。

首先谈人与大自然的关系。在人类成为人类之前，他们是大自然的一个不可或缺的组成部分。等到成为人类之后，就同自然闹起独立性来，把自己放在自然的对立面上。尤有甚者，特别是在西方，自从产业革命以后，通过所谓发明创造，从大自然中得到了一些甜头，于是遂诛求无餍，最终提出了"征服自然"的口号。他们忘记了一个基本事实，人类的衣、食、住、行的所有资料都必须取自大自然。大自然不会说话，"天何言哉！"但是却能报复。恩格斯说过："我们不能过分陶醉于我们对自然界的胜利，对于每一次这样的胜利，自然界都报复了我们。"在一百多年以前，大自然的报复还不十分明显，恩格斯竟能说出这样准确无误又含义深远的话，真不愧是马克思主义伟大的奠基人之一！到了今天，大自然的

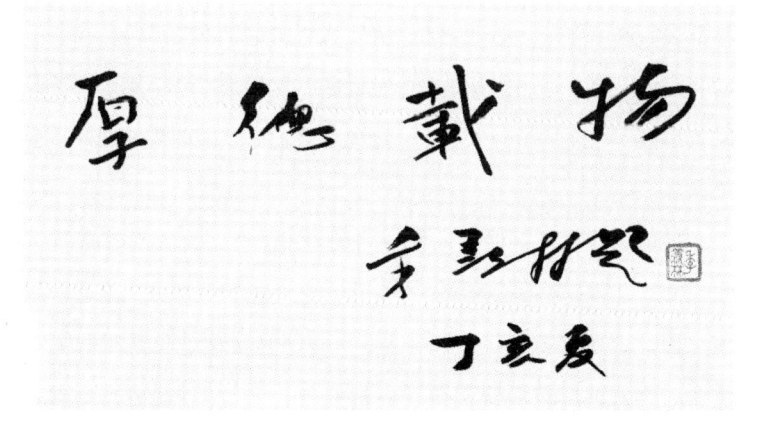

报复已经十分明显,十分触目惊心,举凡臭氧出洞,温室效应,全球变暖,淡水短缺,生态失衡,物种灭绝,人口爆炸,资源匮乏,新疾病产生,环境污染,如此等等,不胜枚举。其中哪一项如果得不到控制,都能影响人类的生存前途。到了这种危机关头,世界上一些有识之士才幡然醒悟,开了一些会,采取了一些措施。世界上一些国家的领导人也知道要注意环保问题了,这都是好事。但是,根据我个人的看法,还都是不够的。我们必须努力发出狮子吼,对全世界振聋发聩。

其次,我想谈一谈人与人的关系。自从人成为人以后,就逐渐形成了一些群体,也就是我们现在称之为社会的组织。这些群体形形色色,组织形式不同,组织原则也不同,但其为群体则一也。人与人之间,有时候利益一致,有时候也难免产生矛盾。举一个极其简单的例子,比如讲民主,讲自由,都不能说是坏东西,但又都必须加以限制。就拿大城市交通来说吧,绝对的自由是行不通的,必须有红绿灯,这就是限制。如果没有这个限制,大城市一天也存在不下去。这里撞车,那里撞人,弄得人人自危,不敢出门,社会活动会完全停止,这还能算是一个社会吗?这只是一个小例子,类似的大小例子还能举出一大堆来。因此,我们必须强调要处理好社会关系。

最后,我要谈一谈个人修身问题。一个人,对大自然来讲,是它的对立面;对社会来讲,是它的最基本的组成部分,是它的细胞。因此,在宇宙间,在社会上,一个人所处的地位是十分关键的。一个人的思想、语言和行动方向的正确或错误是有重要意义的。一个人进行修身的重要性也就昭然可见了。

写到这里，也许有人要问：你不是谈伦理道德问题吗，怎么跑野马跑到正确处理三个关系上去了？我敬谨答曰：我谈正确处理三个关系，正是谈伦理道德问题。因为，三个关系处理得好，人类才能顺利发展，社会才能阔步前进，个人生活才能快乐幸福。这是最高的道德，其余那些无数的烦琐的道德教条都是从属于这个最高道德标准的。这个道理，即使是粗粗一想，也是不难明白的。如果这三个关系处理不好，就要根据"不好"的程度而定为道德上有缺乏、不道德或"缺德"，严重的"不好"，就是犯罪。这个道理也是容易理解的。

全世界都承认，中国是伦理道德的理论和实践最发达的国家。中国伦理道德的基础是先秦时期的儒家打下的，在其后发展的过程中，又掺杂进来了一些道家思想和佛家思想，终于形成了现在这样一个伦理体系，仍在支配着我们的社会行动。这个体系貌似清楚，实则是一个颇为模糊的体系。三教信条你中有我，我中有你，绝不是泾渭分明的，但仍以儒家为主，则是可以肯定的。

儒家的伦理体系在先秦初打基础时可以孔子和孟子为代表。孔子的学说的中心，也可以说是伦理思想的中心，是一个"仁"字。这个说法已为学术界比较普遍地接受。孟子学说的中心，也可以说伦理思想的中心，是"仁"、"义"二字。对此，学术界没有异词。先秦其他儒家的学说，我们不一一论列了。至于先秦以后几千年儒家学者伦理道德的思想，我在这里也不一一论列了。一言以蔽之，他们基本上沿用孔孟的学说，间或有所增益或有新的解释,这是事物发展的必然规律,不足为怪。不这样,反而会是不可思议的。

多少年来,我个人就有个想法。我觉得,儒家伦理道德学说的重点不在理论而在实践。先秦儒家已经安排好了的:格物、致知、诚意、正心、修身、齐家、治国、平天下,是大家所熟悉的。这样的安排极有层次,煞费苦心,然而一点理论的色彩都没有。也许有人会说,人家在这里本来就不想讲理论而只想讲实践的。我们即使承认这一句话是对的,但是,什么是"仁",什么是"义"?这在理论上总应该有点交代吧,然而,提到"仁"、"义"的地方虽多,也只能说是模糊语言,读者或听者并不能得到一点清晰的概念。

秦代以后,到了唐代,以儒家道统传承人自命的大儒韩愈,对伦理道德的理论问题也并没有说清楚。他那一篇著名的文章《原道》一开头就说:"博爱之谓仁,行而宜之之谓义,由是而之焉之谓道,足乎己勿待于外之谓德。"句子读起来铿锵有力,然而他想什么呢?他只有对"仁"字下了一个"博爱"的定义?而这个定义也是极不深刻的。此外几乎全是空话。"行而宜之"的"宜"意思是"适宜",什么是"适宜"呢?这等于没有说。"由是而之焉"的"之"字,意思是"走"。"道"是人走的道路,这又等于白说。至于"德"字,解释又是根据汉儒那一套"德者得也",说了仍然是让人莫名其妙。至于其他朝代的其他儒家学者,对仁义道德的解释更是五花八门,莫衷一是。我不是伦理学者,现在也不是在写中国伦理学史,恕我不再一一列举了。

我在上面极其概括地讲了从先秦一直到韩愈儒家关于仁义道德的看法。现在，我忽然想到，我必须做一点必要的补充。我既然认为，处理好天人关系在道德范畴内居首要地位，就必须探讨一下，中国古代对于这个问题是怎样看的。换句话说，我必须探讨一下先秦时代一些有代表性的哲学家对天、地、自然等概念是怎样界定的。

首先谈"天"，一些中国哲学史家认为，在春秋末期哲学家们争论的主要问题之一是，"天"是否是有人格有意志的神？这些哲学家大体上可以分为两个阵营：一个阵营主张不是，他们认为天是物质性的东西，就是我们头顶的天。这可以老子为代表。汉代《说文解字》的"天，颠也，至高无上"，可以归入此类。一个阵营的主张是，他们认为天就是上帝，能决定人类的命运，决定个人的命运。这可以孔子为代表。有一些中国哲学史袭用从苏联贩卖过来的办法，先给每一个哲学家贴上一张标签，不是唯心主义，就是唯物主义，把极端复杂的思想问题简单化了。这种做法为我所不取。

老子《道德经》中在几个地方都提到天、地、自然等等。他说："人法地，地法天，天法道，道法自然。"（二十五章）在这一段话里老子哲学的几个重要概念都出现了。他首先提出"道"这个概念，在他以后的中国哲学史上起着重要的作用。这里的"天"显然不是有意志的上帝，而是与"地"相对的物质性的东西。这里的"自然"是最高原则。老子主张"无为"，"自然"不就是"无为"吗？他又说："天地不仁，以万物为刍狗。"（五章）明确说天地是没有意志的。他又说："道之尊，德之贵，夫莫之命而常自然。"（五十一章）道德不发号施令，而是让万物自由自在地成长。总而言之，老子认为天不是神，而是物质的东西。

几乎可以说是，与老子形成对立面的是孔子。在《论语》中有许多讲到"天"的地方。孔子虽然说"子不语怪力乱神"，但是，在他的心目中是有神的，只不过是"敬鬼神而远之"而已。"天"在孔子看来也是有人格有意志的神。孔子关于"天"的话我引几条："天何言哉！四时行焉，百物生焉，天何言哉！""天之将丧斯文也，后死者不得与于斯文也；天之未丧斯文也，匡人其如予何！""天生德于予，桓魋其如予何！"等等。孔子还提倡"天命"，也就是天的意志，天的命令。自命为孔子继承人的孟子，对"天"的看法同孔子差不多。他有一段常被征引的话："天之将降大任于斯人也，必先苦其心志，劳其筋骨，饿其体肤，空乏其身，行拂乱其所为。所以动心忍性，曾（增）其所不能。"在这里，"天"也是一个有意志的主宰者。

也被认为是儒家的荀子，对"天"的看法却与老子接近，而与孔孟迥异其趣。他不承认天是有人格有意志的最高主宰者。有的哲学史家说，荀子直接把"天"解释为自然界。我个人认为，这是非常重要也非常正确的解释。荀子主要是在《天论》中对"天"做了许多唯物的解释，我不去抄录。我想特别提出"天养"说："财非其类以养其类，夫是之谓天养。"意思是说人类利用大自然养活自己。这也是很重要的思想。多少年前我曾写过一篇论文《天人合一新解》，我当时没有注意到荀子对"天"的解释，所以自命为"新解"，其实并不新了。荀子已先我二千多年言之矣。我的贡献在于结合当前世界的情况，把"天人合一"归入道德最高标准而已。这一点我在上面讲天人关系一节中已经讲到，请读者参阅。

我在上面只讲了老子、孔子、孟子和荀子。其他诸子对"天"的看法也是五花八门的。因为同我要谈的问题无关，我不一一论列。我只讲一下墨子，他认为"天"是有意志的，这同儒家的孔孟差不多。

我的补充解释就到此为止。

尽管荀子对"天"的认识已经达到了很高的水平，但是支配中国思想界的儒家仍然是保守的。我想再回头分析一下上面已经提到过的格、致等八个层次。前五项都与修身有关，后三项则讲的是社会关系，没有一项是天人关系的。这是什么原因呢？根据我个人肤浅的看法，先秦儒家，大概同一般老百姓一样，觉得天离开人们远，也有点恍兮惚兮，不容易捉摸，而人际关系则是摆在眼前的，时时处处都会碰上，不注意解决是不行的。我们汉族是一个偏重实际的民族，所以就把注意力大部分用在解决社会关系和个人修身上面了。

几千年来，在中国的封建社会中，有很多形成系列的道德教条，什么仁、义、礼、智、信，什么孝、悌、忠、信、廉、耻，如此等等，不一而足。每一个人在社会中的地位也排列得井井有条，比如五伦之类。亲属间的称呼也有条不紊，什么姑夫、舅父、表姑、表舅等等，世界上哪一种语言也翻译不出来，甚至在当前的中国，除了年纪大的一些人以外，年轻人自己也说不明白了。《白虎通》的三纲、六纪，陈寅恪先生认为是中国文化的精义之所寄，可见中国这一些处理社会关系的准则在他心目中的重要地位了。

上面讲的是社会关系和个人修身问题。至于天人关系，除了先秦诸子所讲的以外，中国历代还有一种说法，就是所谓"天子"，说皇帝是上天的儿子。这种说法对皇帝和臣民都有好处。皇帝以此来吓唬老百姓，巩固自己的地位。臣下也可以适当地利用它来给皇帝一点制约，比如利用日蚀、月蚀、彗星出现等等"天变"来向皇帝进谏，要他注意修德，要他注意自己的行动，这对人民多少有点好处。

把以上所讲的归纳起来看，本文中所讲的三个关系，第二个关系社会关系和第三个个人修身问题，人们早已注意到了，而且一贯加以重视了。至于天人关系，虽也已注意到，但只是片面讲，其间的关系则多所忽略，特别是对大自然能够报复则认识比较晚，这情况中西皆然。只是到了西方产业革命以后，西方科技发展迅猛，人们忘乎所以，过分相信"人定胜天"的力量，以致受到了自然的报复，才出现了恩格斯所说的那种情况。到了今天，世界上一些有识之士，其中包括一些国家领导人，如梦初醒，惊呼"环保"不止。然而，从世界范围来看，并不是每个人都清醒够了，污染大气，破坏生态平衡的举动仍然到处可见，我个人的看法是不容乐观。因此我才把处理好天人关系提高到伦理道德的高标准来加以评断。

从一部人类发展前进的历史来看，三个关系的各自的对立面并不是固定不变的，而是变动不居的，因此制约这些关系的伦理道德教条也不可能一成不变。各个时代，各个民族，各个国家，情况不一，要求不一，道德标准也不可能统一。因此，我们必须提出，对过去的道德标准一定要批判继承。过去适用的，今天未必适用；今天适用的，将来未必适用。在道德教条中有的寿命长，有的寿命短。有的可能适用于全人类，有的只能适用于某一些地区。适用于一切时代，一切地区，万古长青的道德教条恐怕是绝无仅有的。

　　文章已经写得很长，必须结束了。我再着重说明一下，我不是伦理学家，没有研究过伦理学史。我只是习惯于胡思乱想。我常感觉到，中国以及世界上道德教条多如牛毛，如粒粒珍珠，熠熠闪光。可是都有点各自为政，不相贯联。我现在不揣冒昧提出了一条贯串众珠的线，把这些珠子穿了起来。是否恰当？自己不敢说。请方家不吝教正。

2001年5月25日

慈善是道德的积累

我是搞语言的,要我来讲道德,讲慈善,实在是有些惶恐。

什么是道德?这是一个大问题,可以写一本书。简单说来,道德是一种社会意识,是一种不依靠外力的特殊的行为规范。道德以善与恶、美与丑、真与伪等概念调整人与人、人与社会之间的关系。我国正处在一个大发展、大变革时期,稳定是第一位的,一定要处理好人与人、人与社会之间的关系。除了法律、行政手段的进一步强化和完善以外,道德是社会稳定发展必不可少的行为规范和调节手段。

在中国的传统道德中,伦理道德有很重要的位置,伦理就是解决人与人之间关系的,儒家讲的三纲六纪就是规定了君臣父子夫妇兄弟朋友之间关系的准则。这里有糟粕的地方,因为人与人之间应该是平等的,不应该谁是谁的纲。儒家强调要处理好人的各方面社会关系,还有许多值得批判吸收的东西。比方对父母的关系,中国人讲孝,这个孝字在英文没有这样一个词,要用两个词才能表述这个意思。所以西方的老人晚年是十分凄凉的。中西的道德是有区别的。我举个例子，我在欧洲住的年头不少，我看小孩子打架，一个十六七岁，一个七八岁，结果小的被打倒了，哭一阵爬起来再打。要在中国就会有人讲了，大的怎么欺侮小的呢。他们那儿没人管，他们认为力量、拳头是第一位的，不管你大小，只要把别人打倒就是正当的。西方道德中也有对我们有用的。我国传统的伦理道德应批判继承，精华留下，糟粕去掉。对外国好的，也可以学习，不要排斥。

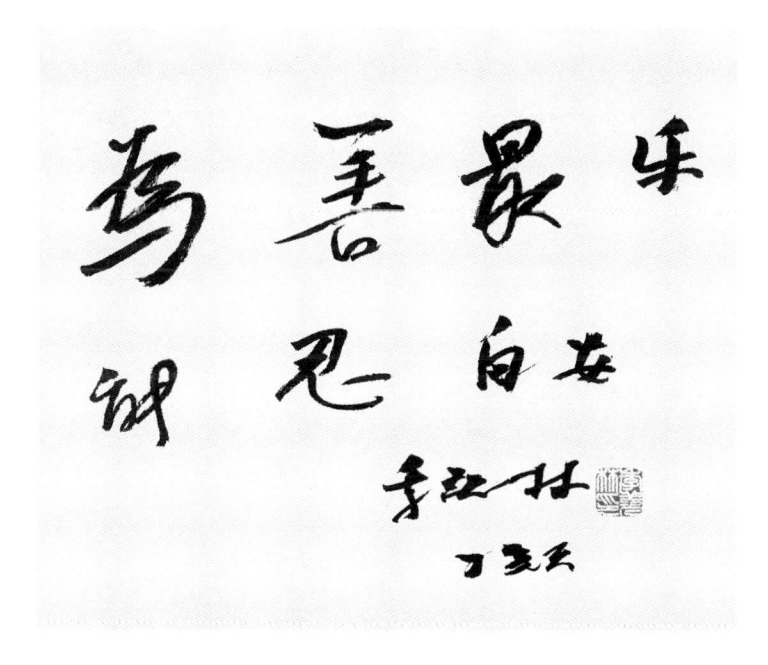

慈善是良好道德的发扬，又是道德积累的开端。孟子说："恻隐之心，仁之端也。"一个社会的良好的道德风尚，一个人良好的

道德修养，不是从天上掉下来的，要宣传教育，要舆论引导，更要实践、参与。慈善是具有广泛群众性的道德实践。慈善可以是很高的层次，无私奉献，也可以有利己的目的，比如图个好名声，或者避税，或者领导号召不得不响应；为慈善付出的可以很大也可以很少，可以是金钱也可以是时间、精神，层次很多，幅度很大，不管在什么条件下，出于什么动机，只要他参与了，他就开始了他的道德积累。所以我主张慈善不要问动机。毛泽东同志讲动机与效果的辩证统一，我的理解，效果是决定因素。"四人帮"有个特点，就是抓活思想，抓活思想就是追究动机。过去有句古话，有心为善虽善不赏，无心为恶，虽恶不罚，这是典型的动机唯心主义。

2001年

公德（一）

什么叫"公德"？查一查字典，解释是"公共道德"。这等于没有解释。继而一想，也只能这样。字典毕竟不是哲学教科书，也不是法律大全。要求它做详尽的解释，是不切实际的。

先谈事实。

我住在燕园最北部，北墙外，只隔一条马路，就是圆明园。门前有清塘一片，面积仅次于未名湖。时值初夏，湖水潋滟，波平如镜。周围垂杨环绕。柳色已由鹅黄转为嫩绿，衬上后面杨树的浓绿，浓淡分明，景色十分宜人。北大人口中称之为后湖。因为僻远，学生来者不多，所以平时显得十分清净。为了有利于居住者纳凉，学校特安上了木制长椅十几个，环湖半周。现在每天清晨和黄昏，椅子上总是坐满了人。据知情人的情报，坐者多非北大人，多来自附近的学校，甚至是外地来的游人。

这样一个人间仙境，能吸引外边的人来，我们这里的居民，谁也不会反对，有时还会窃喜。我们家住垂杨深处，却如入芝兰之室,久而不闻其香。有外来人来共同分享,焉得而不知喜呢?

然而且慢。这里不都是芝兰,还有鲍鱼。每天十点,玉洁来我家上班时,我们有时候也到湖边木椅上小坐。几乎每次都看到椅前地上,铺满了瓜子皮、烟头,还有不同颜色的垃圾。有时候竟有饭盒的残骸,里面吐满了鸡骨头和鱼刺。还有各种的水果皮,狼藉满地,看了令人头痛生厌,屁股再也坐不下去。有一次我竟看到,附近外国专家招待所的一对外国夫妇,手持塑料袋和竹夹,在椅子前面,弯腰曲背,捡地上的垃圾。我们的脸腾地一下子红了起来。看了这种情况,一个稍有公德心的中国人,谁还能无动于衷呢?我于是同玉洁约好:明天我们也带塑料袋和竹夹子来捡垃圾,企图给中国人挽回一点面子。捡这些垃圾并不容易。大件的好办,连小件的烟头也并不困难。最难捡的是瓜子皮,体积小而薄,数量多而广,吐在地上,脚一踩,就与泥土合二而一,一个个地从泥土中抠出来,真是煞费苦心。捡不多久,就腰酸腿痛,气喘吁吁了。本来是想出来纳凉的,却带一身臭汗回家。但我们心里却是高兴的,我们为我们国家做了一件小到不能再小的事情。此外,我们也有"同志"。一位邻居是新华社退休老干部。他同我们一样,对这种现象看不下去。有一次,我们看到他赤手空拳搜捡垃圾。吾道不孤,我们更高兴了。

中华民族是伟大的民族,这一点,全世界谁也不敢否认。可是,到了今天,由于种种原因,一部分人竟然沦落到不知什么是公德,实在是给我们脸上抹黑。现在许多有识之士高呼提高人民素质,其中当然也包括道德素质。这实在是当务之急。

2002年5月28日

公德（一）

季羡林

什么叫"公德"？查一查字典，解释是"公共道德"。这等于没有解释。细想一想，也只能这样。字典毕竟不是哲学教科书，也不是法律大全。苛求它做详尽的解释，是不切实际的。

先谈事实。

我住在燕园最北部，北墙外，只隔一条马路，就是圆明园。门前有清塘一片，面积仅次于未名湖。时值初夏，湖水潋滟，波平如镜，周围垂杨环绕。柳芭已由鹅黄转为嫩绿，加上左右富杨树的浓绿，浓淡

分明,景色十分宜人。北大人口众多之名信期,因为辟远,学生来者不多,所以平时显得十分清净。为了有利于居住者纳凉,学校特地上了木制长椅十几个,环湖半圈。现在每至清晨和黄昏,椅子上无不坐满人。据知情人的情报,坐者多非北大人,多来自附近的学校,甚至是外地来的游人。

这样一个人间仙境,能吸引外边的人来,我们这里的居民,谁也不会反对,有时还会窃喜。我们家住朗润园处,住如入芝兰之室,久而不闻其香。有外来人来共同分享,岂不乐而不知香吗?

公德（二）

标题似乎应作"风化"，但是，因为第一，它与《公德（一）》所谈到的湖边木椅有关；第二，在这里，"有伤风化"与"有损公德"实在难解难分，因此仍作《公德》，加上一个（二）字。

话题当然要从木椅谈起。木椅既是制造垃圾的场所，又是谈情说爱的胜地。是否是同一批人同时并举，没有证明，不敢乱说。

在光天化日之下，大庭广众之中，亲人们，特别是夫妇们由于某种原因接一个吻，在任何文明国家中都允许的，不以为怪的。在中国古代，是不行的，这大概属于"非礼"的范围。

可是，到了今天，中国"现代化"了。洋玩意儿不停地涌入，上述情况也流行起来。这我并不反对。不过，我们中国有一部分人，特别是青年人，一学习外国，就不但是"弟子不必不如师"，而且有出蓝之誉。要证明嘛，远在天边，近在眼前，就在燕园后湖边木椅子上。

经常能够看到，在大白天，一对或多对青年男女，坐在椅子上。最初还能规规矩矩，不久就动手动脚，互抱接吻，不是一个，而是一串。然后，一个人躺在另外一个的怀里，仍然是照吻不已。最后则干脆一个人压在另一个的身上。此时，路人侧目，行者咋舌，而当事人则天上天下，唯我独尊，岿然不动，旁若无人。招待所里住的外国专家们大概也会从窗后外窥，自愧不如。

汉代张敞对宣帝说："闺房之内，夫妇之私，有过于画眉者。"但那是夫妇之间暗室里的事情。现在移于光天化日之下，岂能不令人吃惊！我不是说，在白天椅子上竟做起了闺房之内的事情来。但我们在捡垃圾时确实捡到过避孕套。那可能是夜间留下的，我现在不去考证了。

燕园后湖这一片地方，比较僻静。有小山蜿蜒数百米，前傍湖水，有茂林修竹，绿草如茵。有些地方，罕见人迹。真正是幽会的好地方。傍晚时见一对对男女青年，携手搂腰，迤逦走过，倩影最终消失在绿树丛中。至于以后干些什么，那只能意会，而不必言传了。

一天晚上，一位原图书馆学系退休的老教授来看我，他住在西校门外。如果从我家走回家，应该出门向右转，走过我上面讲的那一条倚山傍湖的小径。但他却向左转，要经过未名湖，走出西门，这要多走好多路。我怪而问之。他说，之所以不走那一条小路，怕惊动了对对的野鸳鸯。对对者，不止一对也。我听了恍然大悟，立即想起了我们捡垃圾时捡到的避孕套。

故事讲完了，读者诸君以为这是"有伤风化"呢？还是"有损公德"？恐怕是二者都有吧。

2002年5月29日

公德（三）

已经写了两篇《公德》，但言犹未尽，再添上一篇。

改革开放以来，我国经济发展了，人民生活水平提高了，钱包鼓起来了。于是就要花钱。花钱花样繁多，旅游即其中之一。于是空前未有的旅游热兴起来了。国内的泰山、长城、黄山、张家界、九寨沟、桂林等逛厌了，于是出国，先是新、马、泰，后又扩大到欧美。大队人马出国旅游，浩浩荡荡，猗欤休哉！

我是赞成出国旅游的。这可以开阔人们的眼界，增长人们的见识，有百利而无一弊。而且，我多年来就有一个想法：西方人对中国很不了解。他们不懂"士别三日，当刮目相看"的道理，至今仍顽固抱住"欧洲中心主义"不放。这大大地不利于国际的相互了解，不利于人民之间友谊的增长。所以我就主张"送去主义"，你不来拿，我就送去。然而送去也并不容易。现在中国人出国旅游，不正是送去的好机会吗？

然而，一部分中国游客送出去的不是中国文化，不是精华，而是糟粕。例子繁多，不胜枚举。我干脆做一次文抄公，从《参考消息》上转载的香港《亚洲周刊》上摘抄一点，以概其余。首先我必须声明一下，我不同意该刊"七宗罪"的提法。这只是不顾国格，不讲公德，还不能上纲到"罪"。这七宗是：

第一宗：脏。不讲公德，乱扔垃圾。拙文《公德（一）》讲的就是这个问题。

第二宗：吵。在飞机上，在火车上，在餐厅中，在饭店里，大声喧哗。

第三宗：抢。不守规则，不讲秩序，干什么都要抢先。

第四宗：粗。不懂起码的礼貌，不会说："谢谢！"、"对不起。"

第五宗：俗。在大饭店吃饭时，把鞋脱掉，赤脚坐在椅子上，或盘腿而坐。

第六宗：窘。穿戴不齐，令人尴尬。穿着睡衣，在大饭店里东奔西逛。

第七宗：泼。遇到不顺心的事，不但动口骂人，而且动手打人。

以上七宗，都是极其概括的。因为，细说要占极多的篇幅。不过，我仍然要突出一"宗"，这就是随地吐痰，我戏称之为"国吐"，与"国骂"成双成对。这是中国相当大一部分人的痼疾，屡罚不改。现在也被输出国外，为中国脸上抹黑。

处在这种情况下，我们应该怎么办呢？想改变以上几种弊端，是长期的工作。国内尚且如此，何况国外。我们决不能因噎废食，停止出国旅游。出国旅游还是要继续的。能否采取一个应急的办法：在出国前，由旅游局或旅行社组织一次短期学习，把外国习惯讲清，把应注意的事项讲清。或许能起点作用。

2002年5月30日

公德（四）

已经写了三篇《公德》，但仍然觉得不够。现在再写上一篇，专门谈"国吐"。

随地吐痰这个痼疾，过去已经有很多人注意到了。记得鲁迅在一篇杂文中，谈到旧时代中国照相，常常是一对老年夫妇，分坐茶几左右，几前置一痰桶，说明这一对夫妇胸腔里痰多。据说，美国前总统访华时，特别买了一个痰桶，带回了美国。

中国官方也不是没有注意到这个现象。很多年以前，北京市公布了一项罚款的规定：凡在大街上随地吐痰者，处以五毛钱的罚款。有一次，一个人在大街上吐痰，被检查人员发现，立刻走过来，向吐痰人索要罚款。那个人处变不惊，立刻又吐一口痰在地上，嘴里说："五毛钱找钱麻烦，我索性再吐上一口，凑足一元钱，公私两利。"这个故事真实性如何，我不是亲身经历，不敢确说，但是流传得纷纷扬扬，我宁信其有，而不信其无。

也是在很多年以前，北大动员群众，反击随地吐痰的恶习。没有听说有什么罚款。仅在学校内几条大马路上,派人检查吐痰的痕迹,查出来后,用红粉笔圈一个圆圈,以痰迹为中心。这种检查简直易如反掌,隔不远,就能画一个大红圈。结果是满地斑斓,像是一幅未来派的图画。结果怎样呢?在北京大街上照样能够看到和听到,左右不远,有人"吭——咔"一声,一团浓痰飞落在人行道上,熟练得有如大匠运斤成风,北大校园内也仍然是痰迹斑驳陆离。

我们中华民族是伟大的民族,是英勇善战的民族,我们能够以弱胜强,战胜了武装到牙齿的外敌和国内反动派,对像"国吐"这样的还达不到癣疥之疾的弊端竟至于束手无策吗?

更为严重的是,最近几年来,国际旅游之风兴。"国吐"也随之传到国外。据说,我们近邻的一个国家,为外国游人制定了注意事项,都用英文写成,独有一条是用汉文:"请勿随地吐痰!"针对性极其鲜明。但却决非诬蔑。我们这一张脸往哪里摆呀!

治这样的顽症有办法没有呢?我认为,有的。新加坡的办法就值得我们参考。他们用的是严惩重罚。你要是敢在大街上吐一口痰,甚至只是丢一点垃圾,罚款之重让你多年难忘。如果在北京有人在大街上吐痰,不是罚五毛,而是罚五百元,他就决不敢再吐第二口了。但这要有两个先决条件:一是耐心的教育,不厌其烦地说明利害,苦口婆心;二是要有国家机关、法院和公安局等的有力支持。决不允许任何人耍赖。实行这个办法,必须持之以恒,而且推向全国。用不了几年的时间,"国吐"这种恶习就可以根除。这是我的希望,也是我的信念。

2002年6月4日

寅恪先生二三事

陈寅恪先生是中国20世纪最伟大的学者之一。他的学生中山大学胡守为教授曾在中大为他举办过几次纪念会或学术座谈会，不少海内外学者赶来参加，取得了成功。台湾一位参加过会的历史教授在一篇文章写道，在会上，只听到了"伟大"、"伟大"，言外颇有愤愤不平之意，令我难解，不知道究竟是什么原因。但是，伟大是一个客观存在的事实，不是哪一个人可以任意乱用的。依不佞鄙见，寅恪先生不但在伟大处是伟大的，在琐细末节方面他也是伟大的。现在举出二三事，以概其余。

临财不苟得

《礼记·曲礼上》："临财毋苟得，临难毋苟免。"这种教导属于中国古代优秀文化之列。然而，几千年来，有多少人能够做到？所以老百姓说："人为财死，鸟为食亡。"可见此风之普遍，至今尤甚。什么叫"贪污腐化",其中最主要的还是钱。不要认为这是一件小事。

青少年时期,寅恪先生家境大概还是富裕的,否则就不会到欧美日等地去留学。20年代中到30年代中,在北京清华园居住教书,工资优厚,可能是他一生中经济情况最辉煌的时期。七七事变以后,日寇南侵。寅恪先生携家带口,播迁流转于香港和大西南诸省之间,寝不安席,食不果腹。他一向身体多病,夫人唐筼女士也同病相怜,三个女儿也间有病者。加之他眼睛又出了毛病,曾赴英国动过手术,亦未好转,终致失明。此事与在越南丢掉两箱重要图书不无关系。寅恪先生这若干年的生活,只有两句俗话"屋漏偏遭连夜雨,船破又遇打头风"可以形容于万一。记述他这时期生活的文字颇多。但是,我觉得,表现得最朴素、最真实、最详尽的还是其在致傅斯年的许多封信中(见《陈寅恪集·书信集》,三联书店,2001年出版。我在下面的引文,也都出于此书,只写页数、行数,不再写书名)。下面我就根据这一本书,按时间顺序,选取一些材料。

p.33左起第4～5行"不必领中央研究院之薪水。"

P.45左起第5～7行同上

(羡林按:这件事发生在1933年。时先生任清华教授兼中央研究院历史语言研究所第一组主任。)

P.52右起第1～2行:"不能到会,不领取川资。"

(羡林按:这件事发生在1936年。与前件事一样,是先生经济情况比较好的时候。)

p.57，1939年，赴英国牛津大学任教，借英庚款会二百英镑。"如入境许可证寄来，而路仍可通及能上岸，则自必须去，否则即将此借款不用，依旧奉还。"

p.109，左起第6行："兄及第一组诸位先生欲赠款，极感，但弟不敢收，必退回，故请不必寄出。"

以上两件事，一在1939年，一在1945年，正是先生极贫困的时候；但是他仍坚决不取不该取之钱，可见先生之耿介。

p.53，右起第4行，先生说："弟好利而不好名。"这是先生的戏言，他名与利是都不好的。在这方面，寅恪先生是我们的榜样。

上面引的《礼记·曲礼上》中的话，是中国传统文化的优秀部分，为古今仁人志士所遵守。但是，最近一个时期以来，由于一些不尽相同的原因，贪污腐化之风，颇有抬头之势。贪污与腐化，虽名异而实同，都与不同形式的"财"有关。二者互为表里，互为因果，最后又必同归于尽，这已经是社会上常见的现象。寅恪先生，一介书生，清廉自持，不该取之财，一文不取。他是我们学术界以及其他各界的一面明镜。

备课

我一生是教书匠，同别的教书匠一样，认为教书备课是天经地义。寅恪先生也是一生教书，但是，对于他的备课，我却在潜意识中有一种想法：他用不着备课。他十几岁时就已遍通经史。其后在许多国家留学,专治不古不今,不中不西之学,具体地讲,就是魏晋南北朝以及隋唐史和佛典翻译问题,等等。有的课程,他已经讲过许多遍。像这样子,他还需要备什么课呢?然而,事实却不是这样子,他对备课依然异常认真。我列举几点资料。

p.28中"陈君学问确是可靠,且时时努力求进,非其他国学教员之身(?)以多教钟点而绝无新发明者同也。"

p.39左起第3行"且一年以来,为清华预备功课几全费去时间精力。"

p.50右起3~4行"在他人,回来即可上课,弟则非休息及预备功课数日不能上课。"

p.51左起第3行"弟虽可于一星期内往返,但事实上因身体疲劳及预备功课之故,非请假两星期不可。"

p.206中"因弟在此所授课有'佛经翻译'一课,若无大藏则征引无从矣。"

(羡林按:30年代初,我在清华旁听先生的课听的就是这一门"佛经翻译文学"。上面这一段话是在1938年写的,中间大概已经讲过数次;然而他仍然耿耿于没有《大藏经》,无从征引。仅这一个小例子就足以证明先生备课之认真,对学生之负责。)

根据我个人的经验,虽然有现成的讲义,但上课前仍然必须准备,其目的在于再一次熟悉讲义的内容,使自己的讲授思路条理化,讲来容易生动而有系统。但是,寅恪先生却有更高的要求。上面引的资料中有"新发明"这样的字样,意思就是,在同一门课两次或多次讲授期间,至少要隔上一两年或者更长的时间,在这期间，可能有新材料出现，新观点产生，这一些都必须反映在讲授中，任何课程都没有万古常新的教条。当年我在德国哥廷根大学读书时，常听到老学生讲教授的笑话。一位教授夫人对人发牢骚说："我丈夫教书，从前听者满堂盈室。但是，到了今天，讲义一个字没有改，听者却门可罗雀。"言下忿忿不平，大叹人心之不古。这位教授夫人的重点是"讲义一个字没有改"，她哪里知道，这正是致命之处。

根据我的观察，在清华大学我听过课的教授中，完全不备课的约占百分之七十，稍稍备课者约占百分之二十，情况不明者占百分之十。完全不备课者，情况又各有不同，第一种是有现成的写好的讲义。教授上课堂，一句闲话也不说，立即打开讲义，一字一句地照读下去。下课铃声一响，不管是读到什么地方，一节读完没读完，便立即合上讲义，出门扬长而去。下一堂课再在打住的地方读起。有两位教授在这方面给我留下的印象最生动深刻，一位是教"莎士比亚"的，讲义用英文写成；一位是教"文学概论"的，讲义是中文写成。我们学生不是听课，而是作听写练习。

第二种是让学生读课本，自己发言极少。我们大一英文，选的课本是英国女作家Jane Austin的Pride and Prejudice（《傲慢与偏见》）。上课时从前排右首起学生依次朗读。读着读着，台上一声"stop!"学生应声stop。台上问："有问题没有？"最初有一个学生遵命问了一个问题。只听台上一声断喝："查字典去！"声如河东狮吼，全班愕然。从此学生便噤若寒蝉，不再出声。于是天下太平。教授拿了工资，学生拿了学分，各得其所，猗欤休哉！

第三种是教外语的教员。几乎全是外国人，国籍不同，教学语言则统统是英语。教员按照已经印好的教本照本宣科。教员竟有忘记上次讲课到何处为止者，只好临时问学生，讲课才得以进行。可见这一位教员在登上讲台之一刹那方才进入教员角色，哪里还谈到什么备课！有一位教员，考试时，学生一交卷，他不看内容，立即马上给分数。有一个同学性格黏糊。教员给了他分数，他还站着不走。教员问："你嫌分数低了，是不是？再给你加上五分。"

以上是西洋文学系的众师相。虽然看起来颇为滑稽，但决无半点妄语。别的系也不能说没有不备课的老师，但决不会这样严重。可是像寅恪先生这样备课的老师，清华园中决难找到第二人。在这一方面，他也是我们的榜样。

不请假

教师上课，有时因事因病请假，是常见的事。但是，陈寅恪先生却把此事看得极重，我先引一点资料。

p.50左起第4～8行："但此一点犹不甚关重要。别有一点，则弟存于心中尚未告人者，即前年弟发现清华理工学院之教员，全年无请假一点钟者，而文法学院则大不然。彼时弟即觉得此虽小事，无怪乎学生及社会对于文法学院印象之劣，故弟去学年全年未请假一点钟，今年至今亦尚未请一点钟假。其实多上一点钟与少上一点钟毫无关系，不过为当时心中默自誓约（不敢公然言之以示矫激，且开罪他人，此次初以告公也），非有特别缘故必不请假，故常有带病而上课之时也。"

p.64左起第6行~p.65右起第一行:"现已请假一星期未上课（此为"九一八"以来所未有，惟除去至牯岭祝寿一次不计）。（中略）但此点未决定，非俟在此间毫无治疗希望，或绝对不能授课，则不出此。仍欲善始善终，将校课至暑假六月完毕后，始返港也。"

p.71左起第1~2行:"今港大每周只教一二小时，且放假时多，中研评会开会之时正不放假，且又须回港授课，去而复回，仍旋移居内地。"

p.72右起第1~2行:"但因此耽搁港大之功课，似得失未必相偿。"

p.76右起第2行:"因耶稣复活节港大放假无课。"

p.79左起第3行:"近日因上课太劳，不能多看书作文。"

p.82右起第5行:"若不在其假期中往渝，势必缺课太多。"

p.95左起第2行:"故终亦不能不离去，以有契约及学生功课之关系，不得不顾及，待暑假方决定一切也。"

上面，我根据寅恪先生的书信，列举了他的三件事。第一件事，大家当然认为是大事。其实第二三件事，看似琐细，也是大事。这说明了他对学生功课之负责，对教育事业之忠诚。这非大事而何！

当年我在北京读书时，有的教授在四五所大学中兼课，终日乘黄包车奔走于城区中，甚至城内外。每学期必须制定请假计划，轮流在各大学中请假，以示不偏不倚，否则上课时间冲突矣。每月收入多达千元。我辈学生之餐费每月六元，已可吃得很好。拿这些教授跟寅恪先生比，岂非有如天壤吗？因此我才说，寅恪先生在伟大处是伟大的，在细微末节方面也是伟大的。在这两个方面，他都是我们的楷模。

2002年7月7日写完

漫谈"毫不利己,专门利人"
——赠301医院宋守礼大夫

中国是一个最注重伦理道德和个人修养的国家。经过几千年的传承和发展,我们提出了不少的教条。有的明白易行,所以就流行开来。这大大有助于我们社会的发展。

但是有一些教条,提得过于苛细,令人望而却步。比如"毫不利己,专门利人"就是。

我们平常常用"好人"和"坏人"这样的词儿。中学读过的伦理学这一门学科好像也没有给出明确的定义。最后是一笔糊涂账,只能由个人的理解来决定。

根据我自己的观察和实践,我觉得,在现如今社会上存在的成百上千的职业行当中,最接近毫不利己,专门利人这个标准的是医生。病人到医院里来是想把病治好,大夫的唯一的职责是治好病,这就给毫不利己专门利人打下了基础。

如果我们再把思路放宽，再想得远一点，想到眼前这一群英气勃勃的男女大夫以及护士小姐们当年下决心学医的时候，他们的动机何在？我们医学行道以外的人，当然回答不出来。连他们自己也未必能说得清楚。但是，我认为，倘若拿出毫不利己，专门利人这两把尺子来衡量一下，则虽不中不远矣。这两句短语所表现的，是极高的人生精神境界，是极高的道德规范，还得加上一点天赋，不是唾手可得的，万不可掉以轻心。

理论易找，事实难寻。其实，事实也并不难寻。远在天边，近在眼前。现在坐在我面前的301医院的宋守礼大夫，就是一个活生生的标本。

2005年6月29日

第三辑　纵浪大化中，不喜亦不惧——关于心态

世态炎凉，古今如此。任何一个人，包括我自己在内，以及任何一个生物，从本能上来看，总是趋吉避凶的。因此，我没怪罪任何人，包括打过我的人。我没有对任何人打击报复。并不是由于我度量特别大，能容天下难容之事，而是由于我洞明世事，又反求诸躬。假如我处在别人的地位上，我的行动不见得会比别人好。

——《世态炎凉》

在亿万年地球存在的期间，一个人只能有一次生命。这一次生命是万分难得的。我们每一个人都必须认识到这一点，切不可掉以轻心。尽管人的寿夭不同，这是人们自己无能为力的。不管寿长寿短，都要尽力实现这仅有的一次生命的价值。多体会民胞物与的意义，使人类和动植物都能在仅有的一生中过得愉快，过得幸福，过得美满，过得祥和。

——《长生不老》

赞"代沟"

现在常常听到有人使用"代沟"这个词儿。这个词儿看起来像一个外来语。然而它表达的内容却不限于外国,而是有普遍意义的,中国当然也不能够例外。

青年人怎样议论"代沟",我不清楚。老年人一谈起来,往往流露出十分不满意的神气,有时候甚至有类似"人心不古,世道浇漓"之类的慨叹。这种神气和慨叹我也有过。我现在是一个地地道道的老年人了。老年人的心理状态,我同样也是有的。我们大概都感觉到,在青年人身上有一些东西,我们看着不顺眼;青年人嘴里讲一些话,我们听上去不大顺耳,特别是那一些新造的名词更是特别刺耳。他们的衣着、他们的态度、他们的言谈举动以及接物待人的礼节、他们欣赏的对象和趣味,总之,一切的一切,我们无不觉得不那么顺溜。脾气好一点的老头摇一摇头,叹一口气;脾气不太好的就难免发发牢骚,成为九斤老太的同党了。

如果说有一条沟的话,那么,我们就站在沟的这一边,那一边站的是年轻人。但是若干年以前,我们也曾在沟的那一边站过,站在这一边的是我们的父母、老师、长辈。不知道从什么时候起,好像是在一夜之间,我们忽然站到这边来了。原来站在这边的人,由于自然规律不可抗御,一个个地让出了位置,走向涅槃,空出来的位置由我们来递补。有如秋后的树木,落叶渐多,枝头渐空,全身都在秋风里,只有日渐凋零了。这一个过程是非常非常微妙的,好像一点痕迹都没有留下,然而它确实是存在的。

站在沟这一边的老人,往往有一些杞忧。过去老人喜欢说一些世风日下之类的话,其尤甚者甚至缅怀什么羲皇盛世。现在这种人比较少了,但是类似这样的感慨还是有的。我在这一方面似乎更特别敏感。最近几年,我曾数次访问日本。年纪大一点的日本朋友对于中国文化能够理解,能够欣赏,他们感谢中国文化带给日本的好处,感激之情,溢于言表。中国古代的诗词和书画,他们熟悉。他们身上有一股"老"味,让我们觉得很亲切。然而据日本朋友说,现在的年轻人可完全不是这个样子了。中国古代的那一套,他们全不懂,全不买账。他们喝咖啡,吃西餐,一切唯西方马首是瞻。同他们交往,他们身上有一股"新"味,这种"新"味使我觉得颇不舒服。我自己反复琢磨,中日交往垂二千年。到了近代,日本虽然进行了改革,成为世界上头号经济强国,但是在过去还多少有点共同语言。好像在一夜之间,忽然从地里涌出了一代"新人类",同过去几乎完全割断了纽带联系。同这一群新人打交道,我简直手足无所措。这样下去,我们两国不是越来越疏远吗?为什么几千年没有变,而今天忽然变了呢?我冥思苦想,不得其解。

在中国，我也有这种杞忧。过去，当我站在沟的那一边的时候，我虽然也感到同沟这一边的老年人有点隔阂，但并不认为十分严重；然而到了今天，世界变化空前加速，真正是一天等于二十年，我来到了沟的这一边，顿时觉得沟那一边的年轻人也颇有"新人类"的味道。他们所作所为，很多我都觉得有点难以理解。男女自由恋爱，在封建时期是不允许的；在解放前允许了，但也多半不敢明目张胆。如果男女恋人之间接一个吻，恐怕也要秘密举行。然而今天呢，青年们在光天化日之下，大庭广众之间，公然拥抱接吻，坦然，泰然，甚至还有比这更露骨的举动，我看了确实感到吃惊，又觉得难以理解。我原来自认为脑筋还没有僵化，同九斤老太划清了界限。曾几何时，我也竟成了她的"同路人"，岂不大可异哉！又岂不大可哀哉！

不管从世界范围来看，还是从中国范围来看，代沟自古以来就存在的；任何国家，任何时代，都是不可避免的。然而，根据我个人的感觉，好像是"自古已然，于今为烈"，好像任何时候也没有今天这样明显。青年老年之间存在的好像已经不是沟，而是长江大河，其中波涛汹涌，难以逾越，我们两代人有点难以互相理解的势头了。为代沟而杞忧者自古就有，今天也决不乏人。我也是其中之一，而且还可能是"积极分子"。

说了上面这一些话以后，倘若有人要问："你对代沟抱什么态度呢？"答曰："坚决拥护，竭诚赞美！"

试想一想：如果没有代沟，青年人和老年人完全一模一样，人类的进步表现在什么地方呢？再往上回溯一下，如果在猴子中间没有代沟,所有的猴子都只能用四条腿在地上爬行,哪一只也决不允许站立起来,哪一只也决不允许使用工具劳动,某一类猴子如何能转变成人呢?从语言方面来讲,如果不允许青年们创造一些新词,我们的语言如何能进步呢?孔老夫子说的话如果原封不动地保留到今天,这种情况你能想象吗?如果我们今天的报刊杂志孔老夫子这位圣人都完全能读懂,这是可能的吗?人类社会在不停地变化,世界新知识日新月异,如果不允许创造新词儿,那么,语言就不能表达新概念、新事物,语言就失去存在的意义了,这种情况是可取的吗?总之,代沟是不可避免的,而且是十分必要的。它标志着变化,它标志着进步,它标志着社会演化,它标志着人类前进。不管你是否愿意,它总是要存在的,过去存在,现在存在,将来也还要存在。

因此,我赞美代沟,用满腔热忱来赞美代沟。

1987年4月29日　上海华东师大

忘

记得曾在什么地方听过一个笑话．一个人善忘。一天，他到野外去出恭。任务完成后，却找不到自己的腰带了。出了一身汗，好歹找到了，大喜过望，说道："今天运气真不错，平白无故地捡了一条腰带！"一转身，不小心，脚踩到了自己刚才拉出来的屎堆上，于是勃然大怒："这是哪一条混账狗在这里拉了一泡屎？"

这本来是一个笑话，在我们现实生活中，未必会有的。但是，人一老，就容易忘事糊涂，却是经常见到的事。

我认识一位著名的画家，本来是并不糊涂的。但是，年过八旬以后，却慢慢地忘事糊涂起来。我们将近半个世纪以前就认识了，颇能谈得来，而且平常也还是有些接触的。然而，最近几年来，每次见面，他把我的尊姓大名完全忘了。从眼镜后面流出来的淳朴宽厚的目光，落到我的脸上，其中饱含着疑惑的神气。我连忙说："我是季羡林，是北京大学的。"他点头称是。但是，过了没有五分钟，他又问我："你是谁呀！"我敬谨回答如上。在每一次会面中，尽管时间不长，这样尴尬的局面总会出现几次。我心里想：老友确是老了！

有一年，我们邂逅在香港。一位有名的企业家设盛筵，宴嘉宾。香港著名的人物参加者为数颇多，比如饶宗颐、邵逸夫、杨振宁等先生都在其中。宽敞典雅、雍容华贵的宴会厅里，一时珠光宝气，璀璨生辉，可谓极一时之盛。至于菜肴之精美，服务之周到，自然更不在话下了。我同这一位画家老友都是主宾，被安排在主人座旁。但是正当觥筹交错，逸兴遄飞之际，他忽然站了起来，转身要走，他大概认为宴会已经结束，到了拜拜的时候了。众人愕然，他夫人深知内情，赶快起身，把他拦住，又拉回到座位上，避免了一场尴尬的局面。

前几年，中国敦煌吐鲁番学会在富丽堂皇的北京图书馆的大报告厅里举行年会。我这位画家老友是敦煌学界的元老之一，获得了普遍的尊敬。按照中国现行的礼节，必须请他上主席台并且讲话。但是，这却带来了困难。像许多老年人一样，他脑袋里刹车的部件似乎老化失灵。一说话，往往像开汽车一样，刹不住车，说个不停，没完没了。会议是有时间限制的，听众的忍耐也决非无限。在这危难之际，我同他的夫人商议，由她写一个简短的发言稿，往他口袋里一塞，叮嘱他念完就算完事，不悖行礼如仪的常规。然而他一开口讲话，稿子之事早已忘入九霄云外。看样子是打算从盘古开天辟地讲。照这样下去，讲上几千年，也讲不到今天的会。到了听众都变成了化石的时候，他也许才讲到春秋战国！我心里急如热锅上的蚂蚁，忽然想到：按既定方针办。我请他的夫人上台，从他的口袋掏出了讲稿,耳语了几句。他恍然大悟,点头称是,把讲稿念完,回到原来的座位。于是一场惊险才化险为夷,皆大欢喜。

我比这位老友小六七岁。有人赞我耳聪目明,实际上是耳欠聪,目欠明。如人饮水,冷暖自知,其中滋味,实不足为外人道也。但是,我脑袋里的刹车部件,虽然老化,尚可使用。再加上我有点自知之明,我的新座右铭是:老年之人,刹车失灵,戒之在说。一向奉行不违,还没有碰到下不了台的窘境。在潜意识中颇有点沾沾自喜了。

然而我的记忆机构也逐渐出现了问题。虽然还没有达到画家老友那样"神品"的水平,也已颇有可观。在这方面,我是独辟蹊径,创立了有季羡林特色的"忘"的学派。

我一向对自己的记忆力,特别是形象的记忆,是颇有一点自信的。四五十年前,甚至六七十年前的一个眼神,一个手势,至今记忆犹新,招之即来,显现在眼前、耳旁,如见其形,如闻其声,移到纸上,即成文章。可是,最近几年以来,古旧的记忆尚能保存。对眼前非常熟的人,见面时往往忘记了他的姓名。在第一瞥中,他的名字似乎就在嘴边,舌上。然而一转瞬间,不到十分之一秒,这个呼之欲出的姓名,就蓦地隐藏了起来,再也说不出了。说不出,也就算了,这无关宇宙大事,国家大事,甚至个人大事,完全可以置之不理的。而且脑袋里断了的保险丝,还会接上的。些许小事,何必介意?然而不行,它成了我的一块心病。我像着了魔似的,走路,看书,吃饭,睡觉,只要思路一转,立即想起此事。好像是,如果想不出来,自己就无法活下去,地球就停止了转动。我从字形上追忆，没有结果；我从发音上追忆，结果杳然。最怕半夜里醒来，本来睡得香香甜甜，如果没有干扰，保证一夜幸福。然而，像电光石火一闪，名字问题又浮现出来。古人常说的平旦之气，是非常美妙的，然而此时却美妙不起来了。我辗转反侧，瞪着眼一直瞪到天亮。其苦味实不足为外人道也。但是，不知道是哪一位神灵保佑，脑袋又像电光石火似的忽然一闪，他的姓名一下子出现了。古人形容快乐常说，"洞房花烛夜，金榜题名时"，差可同我此时的心情相比。

这样小小的悲喜剧，一出刚完，又会来第二出，有时候对于同一个人的姓名，竟会上演两出这样的戏。而且出现的频率还是越来越多。自己不得不承认，自己确实是老了。郑板桥说："难得糊涂。"对我来说，并不难得，我于无意中得之，岂不快哉！

然而忘事糊涂就一点好处都没有吗？

我认为，有的，而且很大。自己年纪越来越老，对于"忘"的评价却越来越高，高到了宗教信仰和哲学思辨的水平。苏东坡的词说："人有悲欢离合，月有阴晴圆缺，此事古难全。"他是把悲和欢、离和合并提。然而古人说：不如意事常八九。这是深有体会之言。悲总是多于欢，离总是多于合，几乎每个人都是这样。如果造物主——如果真有的话——不赋予人类以"忘"的本领——我宁愿称之为本能——那么，我们人类在这么多的悲和离的重压下，能够活下去吗？我常常暗自胡思乱想：造物主这玩意儿（用《水浒》的词儿，应该说是"这话儿"）真是非常有意思。他（她？它？）既严肃，又油滑；既慈悲，又残忍。老子说："天地不仁，以万物为刍狗。"这话真说到了点子上。人生下来，既能得到一点乐趣，又必须忍受大量的痛苦，后者所占的比重要多得多。如果不能"忘"，或者没有"忘"这个本能，那么痛苦就会时时刻刻都新鲜生动，时时刻刻像初产生时那样剧烈残酷地折磨着你。这是任何人都无法忍受下去的。然而，人能"忘"，渐渐地从剧烈到淡漠，再淡漠，再淡漠，终于只剩下一点残痕；有人，特别是诗人，甚至爱抚这一点残痕，写出了动人心魄的诗篇，这样的例子，文学史上还少吗？

因此，我必须给赋予我们人类"忘"的本能的造化小儿大唱赞歌。试问，世界上哪一个圣人、贤人、哲人、诗人、阔人、猛人，这人，那人，能有这样的本领呢？

我还必须给"忘"大唱赞歌。试问：如果人人一点都不忘，我们的世界会成什么样子呢？

遗憾的是，我现在尽管在"忘"的方面已经建立了有季羡林特色的学派，可是自谓在这方面仍是钝根。真要想达到我那位画家朋友的水平，仍须努力。如果想达到我在上面说的那个笑话中人的境界，仍是可望而不可即。但是，我并不气馁，我并没有失掉信心，有朝一日，我总会达到的。勉之哉！勉之哉！

1993年7月6日

傻瓜

天下有没有傻瓜？有的，但却不是被别人称作傻瓜的人，而是认为别人是傻瓜的人，这样的人自己才是天下最大的傻瓜。

我先把我的结论提到前面明确地摆出来，然后再条分缕析地加以论证。这有点违反胡适之先生的"科学方法"。他认为，这样做是西方古希腊亚里士多德首倡的演绎法，是不科学的。科学的做法是他和他老师杜威的归纳法，先不立公理或者结论，而是根据事实，用"小心的求证"的办法，去搜求证据，然后才提出结论。

我在这里实际上并没有违反归纳法。我是经过了几十年的观察与体会，阅尽了芸芸众生的种种相，去粗取精，去伪存真以后，才提出了这样的结论的。为了凸现它的重要性，所以提到前面来说。

闲言少叙。书归正传。有一些人往往以为自己最聪明。他们争名于朝，争利于世，锱铢必较，斤两必争。如果用正面手段，表面上的手段达不到目的的话，则也会用些负面的手段，暗藏的手段，来蒙骗别人，以达到损人利己的目的。结果怎样呢？结果是：有的人真能暂时得逞,春风得意马蹄疾,一日看遍长安花。大大地辉煌了一阵,然后被人识破,由座上客一变而为阶下囚。有的人当时就能丢人现眼。《红楼梦》中有两句话说:"机关算尽太聪明,反误了卿卿性命。"这话真说得又生动,又真实。我绝不是说,世界上人人都是这样子,但是,从中国到外国,从古代到现代,这样的例子还算少吗?

原因何在?原因就在于:这些人都把别人当成了傻瓜。

我们中国有几句尽人皆知的俗话:"善有善报,恶有恶报;不是不报,时候未到;时候一到,一切皆报。"这真是见道之言。把别人当傻瓜的人,归根结底,会自食其果。古代的统治者对这个道理似懂非懂。他们高叫:"民可使由之,不可使知之。"是想把老百姓当傻瓜,但又很不放心,于是派人到民间去采风,采来了不少政治讽刺歌谣。杨震是聪明人,对向他行贿者讲出了"四知"。他知道得很清楚:除了天知、地知、你知、我知之外,不久就会有一个第五知:人知。他是不把别人当作傻瓜的。还是老百姓最聪明。他们中的聪明人说:"若要人不知,除非己莫为。"他们不把别人当傻瓜。

可惜把别人当傻瓜的现象,自古处然,于今尤烈。救之之道只有一条:不自作聪明,不把别人当傻瓜,从而自己也就不是傻瓜。哪一个时代,哪一个社会,只要能做到这一步,全社会就都是聪明人,没有傻瓜,全社会也就会安定团结。

1997年3月11日

世态炎凉

世态炎凉,古今所共有,中外所同然,是最稀松平常的事,用不着多伤脑筋。元曲《冻苏秦》中说:"也素把世态炎凉心中暗忖。"《隋唐演义》中说:"世态炎凉,古今如此。"不管是"暗忖",还是明忖,反正你得承认这个"古今如此"的事实。

但是,对世态炎凉的感受或认识的程度,却是随年龄的大小和处境的不同而很不相同的,绝非大家都一模一样。我在这里发现了一

条定理：年龄大小与处境坎坷同对世态炎凉的感受成正比。年龄越大，处境越坎坷，则对世态炎凉感受越深刻。反之，年龄越小，处境越顺利，则感受越肤浅。这是一条放诸四海而皆准的定理。

我已到望九之年，在八十多年的生命历程中，一波三折，好运与多舛相结合，坦途与坎坷相混杂，几度倒下，又几度爬起来，爬到今天这个地步，我可是真正参透了世态炎凉的玄机，尝够了世态炎凉的滋味。特别是"十年浩劫"中，我因为胆大包天，自己跳出来反对"北大"那一位炙手可热的"老佛爷"，被戴上了种种莫须有的帽子，被"打"成了反革命，遭受了极其残酷的至今回想起来还毛骨悚然的折磨。从牛棚里放出来以后，有长达几年的一段时间，我成了燕园中一个"不可接触者"。走在路上，我当年辉煌时对我低头弯腰毕恭毕敬的人，那时却视若路人，没有哪一个敢或肯跟我说一句话的。我也不习惯于抬头看人，同人说话。我这个人已经异化为"非人"。一天，我的孙子发烧到四十度，老祖和我用破自行车推着到校医院去急诊。一个女同事竟吃了老虎心豹子胆似的，帮我这个已经步履蹒跚的花甲老人推了推车。我当时感动得热泪盈眶，如吸甘露，如饮醍醐。这件事、这个人我毕生难忘。

雨过天晴，云开雾散，我不但"官"复原职，而且还加官晋爵，又开始了一段辉煌。原来是门可罗雀，现在又是宾客盈门。你若问我有什么想法没有，想法当然是有的，一个忽而上天堂，忽而下地狱，又忽而重上天堂的人，哪能没有想法呢？我想的是：世态炎凉，古今如此。任何一个人，包括我自己在内，以及任何一个生物，从本能上来看，总是趋吉避凶的。因此，我没怪罪任何人，包括打过我的人。我没有对任何人打击报复。并不是由于我度量特别大，能容天下难容之事，而是由于我洞明世事，又反求诸躬。假如我处在别人的地位上，我的行动不见得会比别人好。

1997年3月19日

毁誉

好誉而恶毁,人之常情,无可非议。

古代豁达之人倡导把毁誉置之度外。我则另持异说,我主张把毁誉置之度内。置之度外,可能表示一个人心胸开阔,但是,我有点担心,这有可能表示一个人的糊涂或颟顸。

我主张对毁誉要加以细致的分析。首先要分清:谁毁你?谁誉你?在什么时候?在什么地方?由于什么原因?这些情况弄不清楚,只谈毁誉,至少是有点模糊。

我记得在什么笔记上读到过一个故事。一个人最心爱的人,只有一只眼。于是他就觉得天下人(一只眼者除外)都多长了一只眼。这样的毁誉能靠得住吗?

还有我们常常讲什么"党同伐异",又讲什么"臭味相投"等等。这样的毁誉能相信吗?

孔门贤人子路"闻过则喜",古今传为美谈。我根本做不到,而且也不想做到,因为我要分析:是谁说的?在什么时候,在什地点，因为什么而说的？分析完了以后，再定"则喜"，或是"则怒"。喜，我不会过头。怒，我也不会火冒十丈，怒发冲冠。孔子说："野哉，由也！"大概子路是一个粗线条的人物，心里没有像我上面说的那些弯弯绕。

我自己有一个颇为不寻常的经验。我根本不知道世界上有某一位学者，过去对于他的存在，我一点都不知道，然而，他却同我结了怨。因为，我现在所占有的位置，他认为本来是应该属于他的，是我这个"鸠"把他这个"鹊"的"巢"给占据了。因此，勃然对我心怀不满。我被蒙在鼓里，很久很久，最后才有人透了点风给我。我不知道，天下竟有这种事，只能一笑置之。不这样又能怎样呢？我想向他道歉，挖空心思，也找不出丝毫理由。

大千世界，芸芸众生，由于各人禀赋不同，遗传基因不同，生活环境不同，所以各人的人生观、世界观、价值观、好恶观，等等，都不会一样，都会有点差别。比如吃饭，有人爱吃辣，有人爱吃咸，有人爱吃酸，如此等等。又比如穿衣，有人爱红，有人爱绿，有人爱黑，如此等等。在这种情况下，最好是各人自是其是，而不必非人之非。俗语说："各人自扫门前雪，不管他人瓦上霜。"这话本来有点贬义，我们可以正用。每个人都会有友，也会有"非友"，我不用"敌"这个词儿，避免误会。友，难免有誉；非友，难免有毁。碰到这种情况，最好抱上面所说的分析的态度，切不要笼而统之，一锅糊涂粥。

好多年来，我曾有过一个"良好"的愿望：我对每个人都好，也希望每个人对我都好。只望有誉，不能有毁。最近我恍然大悟，那是根本不可能的。如果真有一个人，人人都说他好，这个人很可能是一个极端圆滑的人，圆滑到琉璃球又能长上脚的程度。

1997年6月23日

长寿之道

我已经到了望九之年，可谓长寿矣。因此经常有人向我询问长寿之道、养生之术。

我敬谨答曰："养生无术是有术。"

这话看似深奥，其实极为简单明了。我有两个朋友，十分重视养生之道。每天锻炼身体，至少要练上两个钟头。曹操诗曰："对酒当歌，人生几何？"人生不过百年，每天费上两个钟头，统计起来，要有多少钟头啊！利用这些钟头，能做多少事情呀！如果真有用，也还罢了。他们二人，一个先我而走，一个卧病在家，不能出门。

因此，我首创了三"不"主义：不锻炼，不挑食，不嘀咕，名闻全国。

我这个三"不"主义，容易招误会，我现在利用这个机会解释一下。我并不绝对反对适当的体育锻炼，但不要过头。一个人如果天天望长寿如大旱之望云霓，而又绝对相信体育锻炼，则此人心态恐怕有点失常，反不如顺其自然为佳。

至于不挑食，其心态与上面相似。常见有人年才逾不惑，就开始挑食，蛋黄不吃，动物内脏不吃，每到吃饭，战战兢兢，如履薄冰，窘态可掬，看了令人失笑。以这种心态而欲求长寿，岂非南辕而北辙！

我个人认为，第三点最为重要。对什么事情都不嘀嘀咕咕，心胸开朗，乐观愉快，吃也吃得下，睡也睡得着，有问题则设法解决之，有困难则努力克服之，决不视芝麻绿豆大的窘境如苏迷庐山般大，也决不毫无原则随遇而安，决不玩世不恭。"应尽便须尽，无复独多虑。"有这样的心境，焉能不健康长寿？

我现在还想补充一点，很重要的一点。根据我个人七八十年的经验，一个人决不能让自己的脑筋投闲置散，要经常让脑筋活动着。根据外国一些科学家实验结果，"用脑伤神"的旧说法已经不能成立，应改为"用脑长寿"。人的衰老主要是脑细胞的死亡。中老年人的脑细胞虽然天天死亡；但人一生中所启用的脑细胞只占细胞总量的四分之一，而且在活动的情况下，每天还有新的脑细胞产生。只要脑筋的活动不停止，新生细胞比死亡细胞数目还要多。勤于动脑筋，则能经常保持脑中血液的流通状态，而且能通过脑筋协调控制全身的功能。

我过去经常说："不要让脑筋闲着。"我就是这样做的。结果是有人说我"身轻如燕，健步如飞"。这话有点过了头，反正我比同年龄人要好些，这却是真的。原来我并没有什么科学根据，只能算是一种朴素的直觉。现在读报纸，得到了上面认识。在沾沾自喜之余，谨作补充如上。

　　这就是我的"长寿之道"。

1997年10月29日

缘分与命运

缘分与命运本来是两个词儿,都是我们口中常说,文中常写的。但是,仔细琢磨起来,这两个词儿涵义极为接近,有时达到了难解难分的程度。

缘分和命运可信不可信呢?

我认为,不能全信,又不可不信。

我决不是为算卦相面的"张铁嘴"、"王半仙"之流的骗子来张目。算八字算命那一套骗人的鬼话,只要一个异常简单的事实就能揭穿。试问普天之下——番邦暂且不算,因为老外那里没有这套玩意儿——同年,同月,同日,同时生的孩子有几万,几十万,他们一生的经历难道都能够绝对一样吗?绝对地不一样,倒近于事实。

可你为什么又说,缘分和命运不可不信呢?

我也举一个异常简单的事实。只要你把你最亲密的人,你的老伴——或者"小伴",这是我创造的一个名词儿,年轻的夫妻之谓也——同你自己相遇,一直到"有情人终成眷属"的经过回想一下,便立即会同意我的意见。你们可能是一个生在天南,一个生在海北,中间经过了不知道多少偶然的机遇,有的机遇简直是间不容发,稍纵即逝,可终究没有错过,你们到底走到一起来了。即使是青梅竹马的关系,也同样有个"机遇"的问题。这种"机遇"是报纸上的词,哲学上的术语是"偶然性",老百姓嘴里就叫作"缘分"或"命运"。这种情况,谁能否认,又谁能解释呢?没有办法,只好称之为缘分或命运。

北京西山深处有一座辽代古庙,名叫"大觉寺"。此地有崇山峻岭,茂林流泉,有三百年的玉兰树,二百年的藤萝花,是一个绝妙的地方。将近二十年前,我骑自行车去过一次。当时古寺虽已破败,但仍给我留下了深刻的印象,至今忆念难忘。去年春末,北大中文系的毕业生欧阳旭邀我们到大觉寺去剪彩。原来他下海成了颇有基础的企业家。他毕竟是书生出身,念念不忘为文化做贡献。他在大觉寺里创办了一个明慧茶院,以弘扬中国的茶文化。我大喜过望,准时到了大觉寺。此时的大觉寺已完全焕然一新,雕梁画栋,金碧辉煌,玉兰已开过而紫藤尚开,品茗观茶道表现,心旷神怡,浑然欲忘我矣。

将近一年以来,我脑海中始终有一个疑团:这个英年歧嶷的小伙子怎么会到深山里来搞这么一个茶院呢?前几天,欧阳旭又邀我们到大觉寺去吃饭。坐在汽车上,我不禁向他提出了我的问题。他莞尔一笑,轻声说:"缘分!"原来在这之前他携伙伴郊游,黄昏迷路,撞到大觉寺里来。爱此地之清幽,便租了下来,加以装修,创办了明慧茶院。

此事虽小，可以见大。信缘分与不信缘分，对人的心情影响是不一样的。信者胜可以做到不骄，败可以做到不馁，决不至胜则忘乎所以，败则怨天尤人。中国古话说："尽人事而听天命。"首先必须"尽人事"，否则馅儿饼决不会自己从天上落到你嘴里来。但又必须"听天命"。人世间，波诡云谲，因果错综。只有能做到"尽人事而听天命"，一个人才能永远保持心情的平衡。

1998年3月7日

论压力

《参考消息》今年7月3日以半版的篇幅介绍了外国学者关于压力的说法。我也正考虑这个问题，因缘和合，不免唠叨上几句。

什么叫"压力"？上述文章中说："压力是精神与身体对内在与外在事件的生理与心理反应。"下面还列了几种特性，今略。我一向认为，定义这玩意儿，除在自然科学上可能确切外，在人文社会科学上则是办不到的。上述定义我看也就行了。

是不是每一个人都有压力呢？我认为，是的。我们常说，人生就是一场拼搏，没有压力，哪来的拼搏？佛家说，生、老、病、死、苦，苦也就是压力。过去的国王、皇帝，近代外国的独裁者，无法无天，为所欲为，看上去似乎一点压力都没有。然而他们却战战兢兢，时时如临大敌，担心边患，担心宫廷政变，担心被毒害被刺杀。他们是世界上最孤独的人，压力比任何人都大。大资本家钱太多了，担心股市升降，房地产价波动，等等。至于吾辈平民老百姓，"家家有一本难念的经"，这些都是压力，谁能躲得开呢？

压力是好事还是坏事？我认为是好事。从大处来看，现在全球环境污染，生态平衡破坏，臭氧层出洞，人口爆炸，新疾病丛生等等，人们感觉到了，这当然就是压力，然而压出来却是增强忧患意识，增强防范措施，这难道不是天大的好事吗？对一般人来说，法律和其他一切合理的规章制度，都是压力。然而这些压力何等好啊！没有它，社会将会陷入混乱，人类将无法生存。这个道理极其简单明了，一说就懂。我举自己做一个例子。我不是一个没有名利思想的人——我怀疑真有这种人，过去由于一些我曾经说过的原因，表面上看起来，我似乎是淡泊名利，其实那多半是假象。但是，到了今天，我已至耄耋之年，名利对我已经没有什么用，用不着再争名于朝，争利于市，这方面的压力没有了。但是却来了另一方面的压力，主要来自电台采访和报刊以及友人约写文章。这对我形成颇大的压力。以写文章而论，有的我实在不愿意写，可是碍于面子，不得不应。应就是压力。于是"拨冗"苦思，往往能写出有点新意的文章。对我来说，这就是压力的好处。

压力如何排除呢？粗略来分类，压力来源可能有两类：一被动，一主动。天灾人祸，意外事件，属于被动，这种压力，无法预测，只有泰然处之，切不可杞人忧天。主动的来源于自身，自己能有所作为。我的"三不主义"的第三条是"不嘀咕"，我认为，能做到遇事不嘀咕，就能排除自己造成的压力。

1998年7月8日

不完满才是人生

每个人都争取一个完满的人生。然而，自古及今，海内海外，一个百分之百完满的人生是没有的。所以我说，不完满才是人生。

关于这一点，古今的民间谚语，文人诗句，说到的很多很多。最常见的比如苏东坡的词："人有悲欢离合，月有阴晴圆缺，此事古难全。"南宋方岳（根据吴小如先生考证）诗句："不如意事常八九，可与人言无二三。"这都是我们时常引用的，脍炙人口的。类似的例子还能够举出成百上千来。

这种说法适用于一切人，旧社会的皇帝老爷子也包括在里面。他们君临天下，"率土之滨，莫非王土"，可以为所欲为，杀人灭族，小事一端，按理说，他们不应该有什么不如意的事。然而，实际上，王位继承，宫廷斗争，比民间残酷万倍。他们威仪俨然地坐在宝座上，如坐针毡。虽然捏造了"龙御上宾"这种神话，他们自己也并不相信。他们想方设法以求得长生不老，他们最怕"一旦魂断，宫车晚出"。连英主如汉武帝、唐太宗之辈也不能"免俗"。

汉武帝造承露金盘，妄想饮仙露以长生；唐太宗服印度婆罗门的灵药，期望借此以不死。结果，事与愿违，仍然是"龙御上宾"呜呼哀哉了。

在这些皇帝手下的大臣们，"一人之下，万人之上"，权力极大，骄纵恣肆，贪赃枉法，无所不至。在这一类人中，好东西大概极少，否则包公和海瑞等决不会流芳千古，久垂宇宙了。可这些人到了皇帝跟前，只是一个奴才，常言道：伴君如伴虎，可见他们的日子并不好过。据说明朝的大臣上朝时在笏板上夹带一点鹤顶红，一旦皇恩浩荡，钦赐极刑，连忙用舌尖舔一点鹤顶红，立即涅槃，落得个全尸。可见这一批人的日子也并不好过，谈不到什么完满的人生。

至于我辈平头老百姓，日子就更难过了。建国前后，不能说没有区别，可是一直到今天仍然是"不如意事常八九"。早晨在早市上被小贩"宰"了一刀；在公共汽车上被扒手割了包，踩了人一下，或者被人踩了一下，根本不会说"对不起"了，代之以对骂，或者甚至演出全武行；到了商店，难免买到假冒伪劣的商品，又得生一肚子气……谁能说，我们的人生多是完满的呢？

再说到我们这一批手无缚鸡之力的知识分子，在历史上一生中就难得过上几天好日子。只一个"考"字，就能让你谈"考"色变。"考"者，考试也。在旧社会科举时代，"千军万马独木桥"，要上进，只有科举一途，你只需读一读吴敬梓的《儒林外史》，就能淋漓尽致地了解到科举的情况。以周进和范进为代表的那一批举人进士，其窘态难道还不能让你胆战心惊，啼笑皆非吗？

现在我们运气好，得生于新社会中。然而那一个"考"字，宛如如来佛的手掌，你别想逃脱得了。幼儿园升小学，考；小学升初中，考；初中升高中，考；高中升大学，考；大学毕业想当硕士，考；硕士想当博士，考。考，考，考，变成烤，烤，烤；一直到知命之年，厄运仍然难免，现代知识分子落到这一张密而不漏的天网中，无所逃于天地之间，我们的人生还谈什么完满呢？

灾难并不限于知识分子："人人有一本难念的经。"所以我说"不完满才是人生"。这是一个"平凡的真理"；但是真能了解其中的意义，对己对人都有好处。对己，可以不烦不躁；对人，可以互相谅解。这会大大地有利于整个社会的安定团结。

1998年8月20日

走运与倒霉

走运与倒霉，表面上看起来，似乎是绝对对立的两个概念。世人无不想走运，而决不想倒霉。

其实，这两件事是有密切联系的，互相依存的，互为因果的。说极端了，简直是一而二二而一者也。这并不是我的发明创造。两千多年前的老子已经发现了，他说："祸兮福之所倚，福兮祸之所伏，孰知其极？其无正。"老子的"福"就是走运，他的"祸"就是倒霉。

走运有大小之别，倒霉也有大小之别，而二者往往是相通的。走的运越大，则倒的霉也越惨，二者之间成正比。中国有一句俗话说："爬得越高，跌得越重。"形象生动地说明了这种关系。

吾辈小民，过着平平常常的日子，天天忙着吃、喝、拉、撒、睡；操持着柴、米、油、盐、酱、醋、茶。有时候难免走点小运，有的是主动争取来的，有的是时来运转，好运从天上掉下来的。高兴之余，不过喝上二两二锅头，飘飘然一阵了事。但有时又难免倒点小霉,"闭门家中坐,祸从天上来",没有人去争取倒霉的。倒霉以后,也不过心里郁闷几天,对老婆孩子发点小脾气,转瞬就过去了。

但是,历史上和眼前的那些大人物和大款们,他们一身系天下安危,或者系一个地区、一个行当的安危。他们得意时,比如打了一个大胜仗,或者倒卖房地产、炒股票,发了一笔大财,意气风发,踌躇满志,自以为天上天下,唯我独尊。"固一世之雄也",怎二两二锅头了得!然而一旦失败,不是自刎乌江,就是从摩天高楼跳下,"而今安在哉!"

从历史上到现在,中国知识分子有一个"特色",这在西方国家是找不到的。中国历代的诗人、文学家,不倒霉则走不了运。司马迁在《太史公自序》中说:"昔西伯拘羑里,演《周易》;孔子厄陈蔡,作《春秋》;屈原放逐,著《离骚》;左丘失明,厥有《国语》;孙子膑脚,而论兵法;不韦迁蜀,世传《吕览》;韩非囚秦,《说难》、《孤愤》;《诗》三百篇,大抵贤圣发愤之所为作也。"司马迁算的这个总账,后来并没有改变。汉以后所有的文学大家,都是在倒霉之后,才写出了震古烁今的杰作。像韩愈、苏轼、李清照、李后主等等一批人,莫不皆然。从来没有过状元宰相成为大文学家的。

了解了这一番道理之后,有什么意义呢?我认为,意义是重大的。它能够让我们头脑清醒,理解祸福的辩证关系;走运时,要想到倒霉,不要得意过了头;倒霉时,要想到走运,不必垂头丧气。心态始终保持平衡,情绪始终保持稳定,此亦长寿之道也。

1998年11月2日

长生不老

长生不老,过去中国历史上,颇有一些人追求这个境界。那些炼丹服食的不就是想"丹成入九天"吗?结果却是"服食求神仙,多为药所误",最终还是翘了辫子。

最积极的应该数那些皇帝老爷子。他们骑在人民头上,作威作福,后宫里还有佳丽三千,他们能舍得离开这个世界吗?于是千方百计,寻求长生不老之术。最著名的有秦皇、汉武、唐宗、宋祖——这后一位情况不明,为了凑韵,把他拉上了——最后都还是宫车晚出,龙驭上宾了。

我常想,现代人大概不会再相信长生不老了。然而,前几天阅报说,有的科学家正在致力于长生不老的研究。我心中立刻一闪念:假如我晚生80年,现在年龄9岁,说不定还能赶上科学家们研究成功,我能分享一份。但我立刻又一闪念,觉得自己十分可笑。自己不是标榜豁达吗?"应尽便须尽,无复独多虑"。原来那是自欺欺人。老百姓说:"好死不如赖活着",我自己也属于

"赖"字派。

我有时候认为，造化小儿创造出人类来，实在是多此一举。如果没有人类，世界要比现在安静祥和得多了。可造化小儿也立了一功：他不让人长生不老。否则，如果人人都长生不老，我们今天会同孔老夫子坐在一条板凳上，在长安大戏院里欣赏全本的《四郎探母》，那是多么可笑而不可思议的情景啊！我继而又一想，如果五千年来人人都不死，小小的地球上早就承担不了了。所以我们又应该感谢造化小儿。

在对待生命问题上，中国人与印度人迥乎不同。中国人希望转生，连唐明皇和杨贵妃不也是希望"生生世世为夫妻"吗？印度人则在笃信轮回转生之余，努力寻求跳出轮回的办法。以佛教而论，小乘终身苦修，目的是想到达涅槃。大乘顿悟成佛，目的也无非是想达到涅槃。涅槃者，圆融清静之谓，这个字的原意就是"终止"，终止者，跳出轮回不再转生也。中印两国人民的心态，在对待生死大事方面，是完全不同的。

据我个人的看法，人一死就是涅槃，不用你苦苦去追求。那种追求是"可怜无补费工夫"。在亿万年地球存在的期间，一个人只能有一次生命。这一次生命是万分难得的。我们每个人都必须认识到这一点，切不可掉以轻心。尽管人的寿夭不同，这是人们自己无能为力的。不管寿长寿短，都要尽力实现这仅有的一次生命的价值。多体会民胞物与的意义，使人类和动植物都能在仅有的一生中过得愉快，过得幸福，过得美满，过得祥和。

2000年10月7日凌晨一挥而就

我的座右铭

多少年以来,我的座右铭一直是:

纵浪大化中,

不喜亦不惧。

应尽便须尽,

无复独多虑。

老老实实的、朴朴素素的四句陶诗,几乎用不着任何解释。

我是怎样实行这个座右铭的呢?无非是顺其自然,随遇而安而已,没有什么奇招。

"应尽便须尽,无复独多虑。"(到了应该死的时候,你就去死,用不着左思右想),这句话应该是关键性的。但是在我几十年的风华正茂的期间内,"尽"什么的是很难想到的。在这期间,我当然既走过阳关大道,也走过独木小桥。即使在走独木桥时,好像路上铺的全是玫瑰花,没有荆棘。这与"尽"的距离太远太远了。

到了现在,自己已经九十多岁了。离开人生的尽头,不会太远了。我在这时候,根据座右铭的精神,处之泰然,随遇而安。我认为,这是唯一正确的态度。

我不是医生,我想贸然提出一个想法。所谓老年忧郁症恐怕十有八九同我上面提出的看法有关,怎样治疗这种病症呢?我本来想用"无可奉告"来答复。但是,这未免太简慢,于是改写一首打油:题曰"无题":

　　人生在世一百年,
　　天天有些小麻烦,
　　最好办法是不理,
　　只等秋风过耳边。

知足知不足

曾见冰心老人为别人题座右铭："知足知不足，有为有不为。"言简意赅，寻味无穷。特写短文两篇，稍加诠释。先讲知足知不足。

中国有一句老话："知足常乐。"为大家所遵奉。什么叫"知足"呢？还是先查一下字典吧。《现代汉语词典》说："知足：满足于已经得到的（指生活、愿望等）。"如果每个人都能满足于已经得到的东西，则社会必能安定，天下必能太平，这个道理是显而易见的。可是社会上总会有一些人不安分守己，癞蛤蟆想吃天鹅肉。这样的人往往要栽大跟头的。对他们来说，"知足常乐"这句话就成了灵丹妙药。

但是，知足或者不知足也要分场合的。在旧社会，穷人吃草根树皮，阔人吃燕窝鱼翅。在这样的场合下，你劝穷人知足，能劝得动吗？正相反，应当鼓励他们不能知足，要起来斗争。这样的不知足是正当的，是有重大意义的，它能伸张社会正义，能推动人类社

学海无涯苦作舟

季羡林

会前进。

除了场合以外,知足还有一个分的问题。什么叫分?笼统言之,就是适当的限度。人们常说的"安分"、"非分",等等,指的就是限度。这个限度也是极难掌握的,是因人而异、因地而异的。勉强找一个标准的话,那就是"约定俗成"。我想,冰心老人之所以写这一句话,其意不过是劝人少存非分之想而已。

至于知不足,在汉文中虽然字面上相同,其涵义则有差别。这里所谓"不足",指的是"不足之处","不够完美的地方"。这句话同"自知之明"有联系。

自古以来,中国就有一句老话:"人贵有自知之明。"这一句话暗示给我们,有自知之明并不容易,否则这一句话就用不着说了。事实上也确实如此。就拿现在来说,我所见到的人,大都自我感觉良好。专以学界而论,有的人并没有读几本书,却不知天高地厚,以天才自居,靠自己一点小聪明——这能算得上聪明吗?——狂傲恣睢,骂尽天下一切文人,大有用一管毛锥横扫六合之概,令明眼人感到既可笑,又可怜。这种人往往没有什么出息。因为,又有一句中国老话:"学如逆水行舟,不进则退。"还有一句中国老话:"学海无涯。"说的都是真理。但在这些人眼中,他们已经穷了学海之源,往前再没有路了,进步是没有必要的。他们除了自我欣赏之外,还能有什么出息呢?

古代希腊人也认为自知之明是可贵的,所以语重心长地说出了:"要了解你自己!"中国同希腊相距万里,可竟说了几乎是一模一样的话,可见这些话是普遍的真理。中外几千年的思想史和科学史，也都证明了一个事实：只有知不足的人才能为人类文化做出贡献。

2001年2月21日

隔膜

鲁迅先生曾写过关于"隔膜"的文章,有些人是熟悉的。鲁迅的"隔膜",同我们平常使用的这个词儿的含义不完全一样。我们平常所谓"隔膜"是指"情意不相通,彼此不了解"。鲁迅的"隔膜"是单方面的以主观愿望或猜度去了解对方,去要求对方。这样做,鲜有不碰钉子者。这样的例子,在中国历史上并不稀见。即使有人想"颂圣",如果隔膜,也难免撞在龙犄角上,一命呜呼。

最近读到韩升先生的文章《隋文帝抗击突厥的内政因素》(《欧亚学刊》第二期),其中有几句话:"对此,从种族性格上斥责突厥"反复无常",其出发点是中国理想主义感情性的'义'观念。国内伦理观念与国际社会现实的矛盾冲突,在中国对外交往中反复出现,深值反思。"这实在是见道之言,值得我们深思。我认为,这也是一种"隔膜"。

记得当年在大学读书时,适值九一八事件发生,日军入寇东北。当中国军队实行不抵抗主义，南京政府同时又派大员赴日内瓦国联（相当于今天的联合国）控诉，要求国联伸张正义。当时我还属于隔膜党，义愤填膺，等待着国际伸出正义之手。结果当然是落了空。我颇恨恨不已了一阵子。

在这里，关键是什么叫"义"？什么叫"正义"？韩文公说："行而宜之之谓义。"可是"宜之"的标准是因个人而异的，因民族而异的，因国家而异的，因立场不同而异。不懂这个道理，就是"隔膜"。

懂这个道理，也并不容易。我在德国住了十年，没有看到有人在大街上吵架，也很少看到小孩子打架。有一天，我看到就在我窗外马路对面的人行道上，两个男孩在打架，一个大的约十三四岁，一个小的只有约七八岁，个子相差一截，力量悬殊明显。不知为什么，两个人竟干起架来。不到一个回合，小的被打倒在地，哭了几声，立即又爬起来继续交手，当然又被打倒在地。如此被打倒了几次，小孩边哭边打，并不服输，日耳曼民族的特性昭然可见。此时周围已经聚拢了一些围观者。我总期望，有一个人会像在中国一样，主持正义，说一句："你这么大了，怎么能欺负小的呢！"但是没有。最后还是对门住的一位老太太从窗子里对准两个小孩泼出了一盆冷水，两个小孩各自哈哈大笑，战斗才告结束。

这件小事给了我一个重要的教训：在西方国家眼中，谁的拳头大，正义就在谁手里，我从此脱离了隔膜党。

今天，我们的国家和人民都变得更加聪明了，与隔膜的距离越来越远了。我们努力建设我们的国家,使人民的生活水平越来越提高。对外我们决不侵略别的国家,但也决不允许别的国家侵略我们。我们也讲主持正义,但是,这个正义与隔膜是不搭界的。

2001年2月27日

论"据理力争"

读徐怀谦的新著《拍案不再惊奇》，十分高兴。书中的杂文有事实，有根据，有分析，有理论，有观点，有文采。的确是一部非常优秀的杂文集。

但是，当我读到了《论狂狷》那一篇时，一股怀疑的情绪不禁油然而生。文中写道："在'文化大革命'中，当疯狂的红卫兵闯进钱（钟书）府抄家时，一介书生钱钟书居然据理力争，最后与红卫兵以拳相向，大打出手。"我觉得，这件事如果不是传闻失实，就是中国社会科学院的红卫兵是另一种材料造成的，与一般的红卫兵迥乎不同。后者的可能性是几乎没有的。常言道："天下老鸹一般黑。"我不信社科院竟出了白老鸹。那么，现在摆在我们眼前的就只有一个可能：传闻失实。

这里的关键是一个"理"字。我想就这一个字讲一点自己的看法。根据《现代汉语词典》，"理"是"道理"、"事理"。这等于没有解释，看了还是让人莫名其妙。根据我的幼稚的看法，

"理"有以下几层意思：

一、一个国家一个时代的法律

二、一个国家的文化传统

三、一个国家一个民族公认的社会伦理道德

综观中国几千年的历史，以"理"字为准绳，可以分为三个时代：绝对讲理的时代，讲一点理的时代，绝对不讲理的时代。第一个时代是从来没有过的；第二个时代是有一些的；第三个时代是有过的。

讲理还是分阶级或阶层的。普通老百姓一般说来是讲理的。到了官府衙门，情况就不一样。在旧社会里，连一个七品芝麻官衙役，比如秦琼，他就敢说："眼前若在历城县，我定将你捉拿到官衙，板子打，夹棍夹，看你犯法不犯法！"他的上级那个县令掌握行政和司法、立法的什么《唐律》之类，只是一个摆设的花瓶，甚至连花瓶都不够。旧社会有一个说法，叫"灭门的知县"。知县虽小，他能灭你的门。等而上之，官越大，"理"越多。到了皇帝老爷子，简直就是"理"的化身。即使有什么《律》，那是管老百姓的。天子是超越一切的。旧社会还有一句话，叫"天子无戏言"。他说的话，不管是清醒时候说的，还是酒醉后说的，都必实现。不但人类必须服从，连大自然也不能例外。唐代武则天冬天要看牡丹，传下了金口玉言，第二天，牡丹果然怒放，国色天香，跪——不知道牡丹是怎样跪法——迎天子——逻辑的说法应该是天女。

总之，一句话：在旧社会法和理都掌握在皇帝老爷子以及大小官员的手中，百姓是没有份儿的。

到了近代，情况大大地改变了，特别是建国以后，换了人间，老百姓有时也有理了。但是，"十年浩劫"是一个天大的例外。那时候是老和尚打伞——无法（发）无天。理还是有的，但却只存在于报章杂志的黑体字中，存在于"最高指示"中。我现在要问一下，钱钟书先生"据理力争"据的是什么"理"？唯一的用黑体字印出来的是"革命无罪，造反有理"的理。钱先生能用这种"理"吗？红卫兵"造反"，就是至高无上的"理"。博学的钱先生如果用写《管锥编》和《谈艺录》的办法，引用拉丁文的《罗马法》来向红卫兵讲理，这不等于对牛弹琴吗？

因此，"据理力争"只能是传闻。

抑尤有进者。不佞也是被抄过家的人，蹲过牛棚的人，是过来人。深知被抄家的滋味。1967年11月30日深夜，几条彪形大汉，后面跟着几个中汉和小汉，破门而入。把我和老祖、德华我们全家三个人从床上拉起来，推推搡搡，押进了没有暖气的厨房里，把玻璃门关上，两条彪形大汉分立两旁，活像庙宇里的哼哈二将。这些人都是聂元梓的干将，平常是手持长矛的，而且这些长矛是不吃素的。今天虽然没持长矛，但是，他们的能量我是清楚的。这些人都是我的学生，只因我反对了他们的"老佛爷"，于是就跟我成了不共戴天的仇敌。同他们我敢"据理力争"吗？恐怕我们一张嘴就是一个嘴巴，接着就会是拳打脚踢。他们的"理"就在长矛的尖上。哪里会"据理力争"之后才"大打出手"呢？我们三个年近花甲或古稀的老人，蜷曲在冰冷的水泥地上，浑身发抖，不是由于生气——我们还敢生气吗？不是由于害怕，而是由于窗隙吹进来的冬夜的寒风。耳中只听到翻箱倒柜，撬门砸锁的声音。有一个抄家的专家还走进厨房要我的通讯簿，准备灭十族的瓜蔓抄行动。不知道用了多少时间，这一群人——他们还能算人吗？——抄走了一卡车东西，扬长而去。由于热水袋被踩破，满床是水。屋子里成了垃圾堆。此时我们的心情究竟是什么样子，我现在不忍再细说了。"长夜漫漫何时旦？"

总之，根据我的亲身经验，"据理力争"只能是传闻，而且是失实的传闻。在那样的时代，哪里有狂狷存在的余地呢？

2002年2月8日

糊涂一点，潇洒一点

最近一个时期，经常听到人们的劝告：要糊涂一点，要潇洒一点。

关于第一点糊涂问题，我最近写过一篇短文《难得糊涂》。在这里，我把糊涂分为两种，一个叫真糊涂，一个叫假糊涂。普天之下，绝大多数的人，争名于朝，争利于市。尝到一点小甜头，便喜不自胜，手舞足蹈，心花怒放，忘乎所以。碰到一个小钉子，便忧思焚心，眉头紧皱，前途暗淡，哀叹不已。这种人滔滔者天下皆是也。他们是真糊涂，但并不自觉。他们是幸福的，愉快的。愿老天爷再向他们降福。

至于假糊涂或装糊涂，则以郑板桥的难得糊涂最为典型。郑板桥一流的人物是一点也不糊涂的。但是现实的情况又迫使他们非假糊涂或装糊涂不行。他们是痛苦的。我祈祷老天爷赐给他们一点真糊涂。

谈到潇洒一点的问题，首先必须对这个词儿进行一点解释。

这个词儿圆融无碍，谁一看就懂，再一追问就糊涂。给这样一个词儿下定义，是超出我的能力的。还是查一下词典好。《现代汉语词典》的解释是：（神情、举止、风貌等）自然大方、有韵致，不拘束。看了这个解释，我吓了一跳。什么神情，什么风貌，又是什么"韵致"，全是些抽象的东西，让人无法把握。这怎么能同我平常理解和使用的"潇洒"挂上钩呢？我是主张模糊语言的，现在就让潇洒这个词儿模糊一下吧。我想到中国六朝时代一些当时名士的举动，特别是《世说新语》等书所记载的，比如刘伶的"死便埋我"，什么雪夜访戴，等等，应该算是"潇洒"吧。可我立刻又想到，这些名士，表面上潇洒，实际上心中如焚，时时刻刻担心自己的脑袋。有的还终于逃不过去，嵇康就是一个著名的例子。

写到这里，我的思维活动又逼迫我把"潇洒"，也像糊涂一样，分为两类：一真一假。六朝人的潇洒是装出来的，因而是假的。

这些事情已经"俱往矣"，不大容易了解清楚。我举一个现代的例子。上一个世纪30年代，我在清华读书的时候，一位教授（姑隐其名）总想充当一下名士，潇洒一番。冬天，他穿上锦缎棉袍，下面穿的是锦缎棉裤，用两条彩色丝带把棉裤紧紧地系在腿的下部。头上头发也故意不梳得油光发亮。他就这样飘飘然走进课堂，顾影自怜，大概十分满意。在学生们眼中，他这种矫揉造作的潇洒，却是丑态可掬，辜负了他一番苦心。

同这位教授唱对台戏的——当然不是有意的——是俞平伯先生。有一天，平伯先生把脑袋剃了个精光，高视阔步，昂然从城内的住处出来，走进了清华园。园内几千人中这是唯一的一个精光的脑袋，见者无不骇怪，指指点点，窃窃私议，而平伯先生则全然置之不理，照样登上讲台，高声朗诵宋代名词，摇头晃脑，怡然自得。朗诵完了，连声高呼：好！好！就是好！此外再没有别的话说。古人说：是真名士自风流。同那位教英文的教授一比，谁是真风流，谁是假风流；谁是真潇洒，谁是假潇洒，昭然呈现于光天化日之下。

这一个小例子，并没有什么深文奥义，只不过是想辨真伪而已。

为什么人们提倡糊涂一点，潇洒一点呢？我个人觉得，这能提高人们的和为贵的精神，大大地有利于安定团结。

写到这里，这一篇短文可以说是已经写完了。但是，我还想加上一点我个人的想法。

当前，我国举国上下，争分夺秒，奋发图强，巩固我们的政治，发展我们的经济，期能在预期的时间内建成名副其实小康社会。哪里容得半点糊涂、半点潇洒！但是，我们中国人一向是按照辩证法的规律行动的。古人说："文武之道，一张一弛。"有张无弛不行，有弛无张也不行。张弛结合，斯乃正道。**提倡糊涂一点，潇洒一点，正是为了达到这个目的的。**

2002年12月18日

死的浮想[1]

我心中并没有真正达到我自己认为的那样的平静，对生死还没有能真正置之度外。

就在住进病房的第四天夜里，我已经上了床躺下，在尚未入睡之前我偶尔用舌尖舔了舔上颚，蓦地舔到了两个小水泡。这本来是可能已经存在的东西，只是没有舔到过而已。今天一旦舔到，忽然联想起邹铭西大夫的话和李恒进大夫对我的要求，舌头仿佛被火球烫了一下，立即紧张起来。难道水泡已经长到咽喉里面来了吗？

我此时此刻迷迷糊糊，思维中理智的成分已经所余无几，剩下的是一些接近病态的本能的东西。一个很大的"死"字突然出现在眼前，在我头顶上飞舞盘旋。在燕园里，最近十几年来我常常看到某一个老教授的门口开来救护车，老教授登车的时候心中作何感想，我不知道，但是，在我心中，我想到的却是"风萧萧兮易水

---

[1] 本文选自《在病中》，略有删节。

寒，壮士一去兮不复还！"事实上，复还的人确实少到几乎没有。我今天难道也将变成了荆轲吗？我还能不能再见到我离家时正在十里飘香绿盖擎天的季荷呢！我还能不能再看到那一个对我依依不舍的白色的波斯猫呢？

其实，我并不是怕死。我一向认为，我是一个几乎死过一次的人。十年浩劫中，我曾下定决心"自绝于人民"。我在上衣口袋里，在裤子口袋里装满了安眠药片和安眠药水，想采用先进的资本主义自杀方式，以表示自己的进步。在这千钧一发之际，押解我去接受批斗的牢头禁子猛烈地踢开了我的房门，从而阻止了我到阎王爷那里去报到的可能。批斗回来以后，虽然被打得鼻青脸肿，帽子丢掉了，鞋丢掉了一只，身上全是革命小将，也或许有中将和老将吐的痰。游街仪式完成后，被一脚从汽车上踹下来的时候，躺在11月底的寒风中，半天爬不起来。然而，我"顿悟"了。批斗原来是这样子呀！是完全可以忍受的。我又下定决心，不再自寻短见，想活着看一看，"看你横行到几时。"

一个人临死前的心情，我完全有感性认识。我当时心情异常平静，平静到一直到今天我都难以理解的程度。老祖和德华谁也没有发现，我的神情有什么变化。我对自己这种表现感到十分满意，我自认已经参透了生死奥秘，渡过了生死大关，而沾沾自喜，认为自己已经修养得差不多了，已经大大地有异于常人了。

然而黄铜当不了真金，假的就是假的，到了今天，三十多年已经过去了，自己竟然被上颚上的两个微不足道的小水泡吓破了胆，使自己的真相完全暴露于光天化日之下，这完全出乎我的意料。我自己辩解说,那天晚上的行动只不过是一阵不正常的歇斯底里爆发。但是正常的东西往往寓于不正常之中。我虽已经痴长九十二岁,对人生的参透还有极长的距离。今后仍须加紧努力。

2002年

辞国学大师、辞学界（术）泰斗、辞"国宝"[1]

辞"国学大师"

现在在某些比较正式的文件中，在我头顶上也出现"国学大师"这一灿烂辉煌的光环。这并非无中生有，其中有一段历史渊源。

约摸十几二十年前，中国的改革开放大见成效，经济飞速发展。文化建设方面也相应地活跃起来。有一次在还没有改建的大讲堂里开了一个什么会，专门向同学们谈国学，中华文化的一部分毕竟是保留在所谓"国学"中的。当时在主席台上共坐着五位教授，每个人都讲上一通。我是被排在第一位的，说了些什么话，现在已忘得干干净净。《人民日报》的一位资深记者是北大校友，"于无

---

[1] 本文节选自《在病中》，原题为《辞"国学大师"》、《辞"学界（术）泰斗"》、《辞"国宝"》。为方便读者阅读，本书将上述三篇文章合为一篇，标题为编者所加。

声处听惊雷",在报上写了一篇长文《国学热悄悄在燕园兴起》。从此以后,其中四位教授,包括我在内,就被称为"国学大师"。他们三位的国学基础都比我强得多。他们对这一顶桂冠的想法如何,我不清楚。我自己被戴上了这一顶桂冠,却是浑身起鸡皮疙瘩。这情况引起了一位学者(或者别的什么"者")的"义愤",触动了他的特异功能,在杂志上著文说,提倡国学是对抗马克思主义。这话真是石破天惊,匪夷所思,让我目瞪口呆。一直到现在,我仍然没有想通。

说到国学基础,我从小学起就读经书、古文、诗词。对一些重要的经典著作有所涉猎。但是我对哪一部古典,哪一个作家都没有下过死工夫,因为我从来没想成为一个国学家。后来专治其他的学术,浸淫其中,乐不可支。除了尚能背诵几百首诗词和几十篇古文外;除了尚能在最大的宏观上谈一些与国学有关的自谓是大而有当的问题比如天人合一外,自己的国学知识并没有增加。环顾左右,朋友中国学基础胜于自己者,大有人在。在这样的情况下,我竟独占"国学大师"的尊号,岂不折煞老身(借用京剧女角词)!我连"国学小师"都不够,遑论"大师"!

为此,我在这里昭告天下:请从我头顶上把"国学大师"的桂冠摘下来。

辞"学界(术)泰斗"

这要分两层来讲:一个是教育界,一个是人文社会科学界。

先要弄清楚什么叫"泰斗"。泰者，泰山也；斗者，北斗也。两者都被认为是至高无上的东西。

光谈教育界。我一生做教书匠，爬格子。在国外教书十年，在国内五十七年。人们常说："没有功劳，也有苦劳。"特别是在过去几十年中，天天运动，花样翻新，总的目的就是让你不得安闲，神经时时刻刻都处在万分紧张的情况中。在这样的情况下，我一直担任行政工作，想要做出什么成绩，岂不戛戛乎难矣哉！我这个"泰斗"从哪里讲起呢？

在人文社会科学的研究中，说我做出了极大的成绩，那不是事实。说我一点成绩都没有，那也不符合实际情况。这样的人，滔滔者天下皆是也。但是，现在却偏偏把我"打"成泰斗。我这个泰斗又从哪里讲起呢？

为此，我在这里昭告天下：请从我头顶上把"学界（术）泰斗"的桂冠摘下来。

辞"国宝"

在中国，一提到"国宝"，人们一定会立刻想到人见人爱憨态可掬的大熊猫。这种动物数量极少，而且只有中国有，称之为"国宝"，它是当之无愧的。

可是，大约在八九十来年前，在一次会议上，北京市的一位领导突然称我为"国宝"，我极为惊愕。到了今天，我所到之处，"国宝"之声洋洋乎盈耳矣。我实在是大惑不解。当然，

"国宝"这一顶桂冠并没有为我一人所垄断,其他几位书画名家也有此称号。

我浮想联翩,想探寻一下起名的来源。是不是因为中国只有一个季羡林,所以他就成为"宝"。但是,中国的赵一钱二孙三李四等等,等等,也都只有一个,难道中国能有十三亿"国宝"吗?

这种事情,痴想无益,也完全没有必要。我来一个急刹车。

为此,我在这里昭告天下:请从我头顶上把"国宝"的桂冠摘下来。

三顶桂冠一摘,还了我一个自由自在身。身上的泡沫洗掉了,露出了真面目,皆大欢喜。

2002年

三进宫

有道是"天有不测风云,人有旦夕祸福"。阴差阳错,不知是哪一路神灵规定了2001~2002年是我的患病年。对301医院来说,我已经唱过一次二进宫,现在又三进宫了。

这一次进宫,同二进宫一样,是属于抢救性质的。但是,抢救的是什么病,学说则颇多。有人说是小中风。我虽然没有中过风,但我对此说并不相信。

要想把事情的原委说明白,话必须从2002年11月23日说起。在那一天之前,我一切正常。晚饭时吃了一大碗凉拌大白菜心。当时就觉得吃得过了量,但因为嘴馋,还是吃了下去。吃完看电视新闻时,突然感到浑身发冷,仿佛掉进了冰窟窿里一样,身体抖个不停,上下牙关互相撞击,铿锵有声。身边的人赶快把我抱到床上。在迷迷糊糊中,我听到校医院的保健大夫来了,另外还来了几位大夫,我就说不清楚究竟是谁了。

第二天,也就是11月24日,一整天躺在床上,水米不曾沾牙。

25日，有好转，但仍然不能吃东西。26日，大有好转。新江送来俄罗斯学者Litvinsky（李特文斯基）的《东土耳其斯坦佛教史》，这无异于雪中送炭，我顺便翻阅了几页。27日，我的学生刘波特别从西藏请来了一位活佛，为我念咒祈福。对此，我除了感谢刘波的真挚的师生情谊之外，不敢赞一辞。刘波坐在我身边，再三说："你的身体没有问题！"他的话后来兑了现。当天我的情况很好。但是，到了28日，情况突变。于是李玉洁和杨锐，又同二进宫一样，硬是把我裹胁到了301医院。有了两次进宫的经历，我在这里已经成了熟人。一进门，二话没说，就进行抢救。我此时高烧三十九度四，对一个九十多岁的老人来说，这是相当高的高烧。我迷迷糊糊，只看到屋子里人很多，有人拿来冰枕，还有人拿来什么，我就感觉不到了。后来听说，是注射了一针一千多元的药水，这大概起了作用，在短短的四五个小时之内，温度就到了三十六度多，基本上正常了。抢救于是胜利结束。

我被安排在南楼三楼十五号病房中。主治大夫是张晓英、段留法、朱兵。护士长是邢云芹，责任组长是赵桂景，看护勇琴歌。在以后一个月多一点儿的时间内，同我打交道的基本上就是这些人。

住进来的目的。据说是为了观察。我想，观察我几天，如果没有重大问题我就可以打道回府了。可是事实上却不是这样，进房间的第二天就开始输液，有人信口称之为吊瓶子。输液每天三次：上午一次，下午一次，晚上8点钟以后一次，在平常日子，我不久就要上床睡觉了，现在却开始输液，有时候一直输到10点。最初，我还以为晚上输液只是偶一为之。到了晚上还向护士小姐打听，输不输液。意思是盼望躲过一次。后来才知道，每晚必输，打听也白搭了，我就听之任之。

我现在几乎完全是被动的。没有哪一个大夫告诉我，我究竟患的是什么病。这决不是大夫的怠慢或者懒惰。经过短期的观察，我认为我的三位主治大夫，同大多数的301医院的大夫一样，在医德、医术、医风三个方面水平确是高的。但是，为什么对我实行的"政策"却好像是"病人可使由之，不可使知之"呢？是不是因为"知之"了以后，不利于疾病的治疗呢？不管怎样，他们的善意我是绝对相信的。我现在唯一合理的做法就是老老实实接受大夫的治疗，不应该胡思乱想。

但是，这并不容易。有输液经验的人都知道，带着针头的那一只手是不能随便乱动的。一不小心，针头错了位，就可能出问题。试想，一只手，以同样的姿势，一动不动地摆在床边上，半小时，能忍受；一个小时，甚至也能忍受。但是，一超过一小时，就会觉得手酸臂痛，难以忍受了。再抬眼看上面架子上吊的装药水的瓶子，还有些药水没有滴完。此时自己心中的滋味真正是不足为外人道也。只有一次，瓶子吊上，针头扎上，我遂即蒙眬睡去，等我醒来时，瓶子里的药水刚好滴完，手没有酸，臂没有痛，而竟过了一天，十分满意。可惜这样的经验后来再没有过。我也只有听之任之了。

我自己也想出了一些排遣的办法，比如背诵过去背过的古代诗、词和古文。最初还起点儿作用，后来逐渐觉得乏味，就不再背诵了。

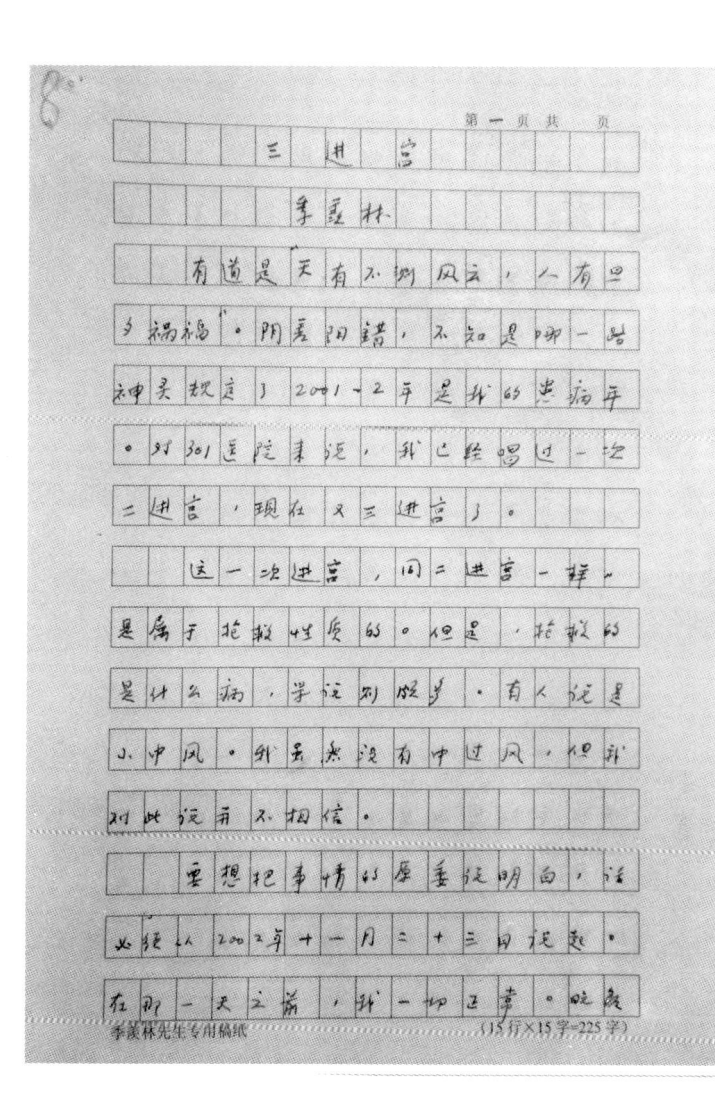

三进宫

季羡林

有道是天有不测风云，人有旦夕祸福。阴差阳错，不知是哪一路神灵规定了2001~2年是我的患病年。对301医院来说，我已经唱过一次二进宫，现在又三进宫了。

这一次进宫，同二进宫一样，是属于抢救性质的。但是，抢救的是什么病，学说纷纭。有人说是小中风。我虽然没有中过风。但我对此说有不相信。

要想把事情的原委弄明白，必须从2002年十一月二十三日说起。在那一天之前，我一切正常。吃饭时吃了一大碗炖砗大白菜心。当时就觉得吃得过了量，但因为嘴馋，还是吃了下去。吃完看电视新闻时，突然感到浑身发冷，仿佛掉到了冰窟窿里一样，身体抖个不停，上下牙关互相撞击，咯咯有声。身边的人赶快把我抱到床上。在迷迷糊糊中，我盯到校医院的保健大夫来了，另外还来了几位大夫，我就闹不清楚，究竟是谁了。

第二天，也就是11月24日，一整天躺在床上，水米不曾沾牙。25日，有好转，但仍然不能吃东西。26日，大有好转。浙江送李佛罗斯基为Stivinsky的《李工再复斯坦俄数但是，我总得想些办法来排遣那些万般无奈的输液时间。药水放在上面吊的瓶子中，下面有一条长管把药水输入我的体内，长管中间有一个类似中转站的构件，一个小长方盒似的玻璃盒；在这里面，上面流下来的药水一滴一滴地滴入下面的管子内，再输流下来。在小方盒内，一滴药水就像是一颗珍珠，有时还闪出耀目的光芒。我无端想起了李义山的诗"沧海月明珠有泪"。其间不能说没有一点儿联系。

有一回，针头扎在右手上，只许规规矩矩，不许乱说乱动。正在十分无聊之际，耳边忽然隐约响起了京剧《空城计》诸葛亮在城门楼上那一段有名的唱腔。马连良、谭富英、高庆奎、杨宝森、奚啸伯等著名的须生，大概都唱过《空城计》。我对京剧有点儿欣赏水平，但并不高。几个大家之间当然会有区别的，我也略能辨识一二。但是，估计唱词是会相同的。此时在我耳边回荡的不是诸葛亮的全部唱词，而只是其中几句："先帝爷，下南阳，御驾三聘；算就了，汉家业，鼎足三分。"这与我当前的处境毫无联系。为什么单单是这几句唱词在我耳边回荡，我自己也说不清楚。既然事实是这样，我也只有这样写了。

又有一次，在输液时，耳边忽然回荡起俄罗斯《伏尔加船夫曲》的旋律，我已经几十年没有听这首我特别喜爱的歌曲了。胡为乎来哉！我却真是大喜过望，沉醉在我自己幻想的旋律中，久久不停。我又浮想联翩，上下五千年，纵横十万里，无边无际地幻想起来。我想到俄罗斯这个民族确实有点儿令人难解。它一半在欧洲，一半在亚洲，论文化渊源，应该属于欧洲体系。然而同欧洲又有所不同。它在历史上崭露头角,时间并不长。却是一出台就光彩夺目。彼得大帝就不像一个平常的人。在他以后的一二百年内,俄罗斯出了多少伟大的文学家、艺术家、科学家,等等。像门捷列夫那样的化学家欧洲就几乎没有人能同他媲美的。谈到文学,专以长篇小说而论。我们都很熟悉的法国和英国那几部大名垂宇宙的长篇小说,一提到它们,大家大都赞不绝口。但是,倘若仔细推敲起来,它们却像花木店里陈列的盆景,精心修剪,玲珑剔透,颇能招人喜爱。如果再仔细观察思考,却难免superficial之感。回头再看俄罗斯的几部长篇小说,托尔斯泰的《战争与和平》固无论矣。即以陀思妥耶夫斯基的几部长篇而论,一谈起来,读者就像钻进了原始大森林,枝柯蔽天,蔓藤周匝,没有一点儿人工的痕迹,却令人感到有一种巨大的原始活力腾涌其中,令人气短,又令人鼓舞。这与法英的长篇小说形成了鲜明的对比。音乐方面,俄罗斯和西方的差异更为显著。不管是民歌,还是音乐家的其他创作,歌声一起,就给人以沉郁顿挫之感。这一首《伏尔加船夫曲》可以作为代表。我幻想中的旋律给了我极大的愉快,使我暂时忘记了输液的麻烦。

我自己很清楚,吊瓶输液是治病必不可少的手段。但是,吊得一多,心里的怪话就蠢蠢欲动。最后掠捋李后主写了两句词:

春花秋月何时了?吊瓶知多少。

这是谑而不虐,毫无恶意。我对三位老中青主治大夫十分尊敬,他们的话我都认真遵守,决不怠慢。

大家都知道，301医院是人民解放军的总医院，院长、政委、副院长统统由将军担任。院的规模极大，机构繁多，人员充实；内外科别，应有尽有。设备之先进、之周全，国内罕有其匹。这样一个庞大的医德、医术、医风三高的医疗机构，在几位将军院长的领导下，在全体医护人员和勤杂人员的真诚无私的配合下，一年一天也不间断地运作着，有条不紊，一丝不苟，令行禁止，雷厉风行；为成千上万的广大的军民群众救死扶伤，从而赢得了广泛的赞誉。在我三次进宫长达一百天的停留中，我真感到，能在这里工作是光荣的，是幸福的。能在这里做一名病人，也是光荣的，也是幸福的。

我已经九十多岁了。全身部件都已老化，这里有点儿酸，那里有点儿痛，可以说是正常的。有时候我漫不经心地流露出一点儿来，然而说者无心，听者有意，这瞒不了全心全意为病人服务的三位主治大夫。有一天，我偶尔谈到，我的牙在口腔内常常咬右边的腮帮子；到了医院以后，并没有专门去治，不知怎样一来，反而好了，不咬了。正如上面所说的，言者无心，听者有意。不知是哪一位大夫听到了"牙"字，认为我的牙有点儿问题，立即安排轮椅，把我送到牙科主任大夫的手术室中。那一位女大夫仔仔细细检查了我的牙齿，并立即进行补治，把没有必要的尖儿磨掉，用的时间相当久。旁边坐着一位魁梧的军人，可能是一位将军，在等候治疗。我占了这么多时间，感到有点儿内疚。又有一次，我谈到便秘和外痔，不到一个小时，就来了一位泌尿科的大夫，给我检查有关的部位。所有这一切都让我既感动又不安。

从此以后，我学得乖了一点儿，我决不再说身上这里痛那里酸。大夫和病人从而相安无事。偶尔还吊一次瓶子，但这已是比较稀见的事，我再没有"春花秋月何时了？"这样的牢骚了。

时间早已越过了12月，向岁末逼近了。我觉得自己的身体已经恢复得差不多了。我常把自己的身体比做一只用过了九十多年的老表，怀表和手表都一样。九十多年不是一个短时期，表的部件都早已老化。现在进了医院，大夫给涂去了油泥，擦上了润滑油，这些老化的部件又能比较顺畅地运作起来。但是，所有这一切都只能治标。治本怎样呢？治本我认为就是返老还童，那是根本做不到的事情。世界上万事万物都不能返老还童。可是根据我的观察，我的三位主治大夫目前的努力方向正是这一件根本做不到的事情。他们想把我身上的大小病痛统统除掉，还我一个十全十美的健全的体格。这情况，我看在眼中，感在心中，使我激动得无话可说。

但是，我想回家。病已经治得差不多了，2002年即将结束。我不愿意尝"一年将尽夜，万里未归人"的滋味。虽然不是"万里"，但究竟不在家中，我愿意在家里过年。况且家中不知已积压了多少工作，等待我去处理。我想出院，心急如焚。张大夫告诉我，我出院必须由我七十多年前的老学生，301医院的老院长牟善初批准，牟早已离休，不管这些事了；但是，对于我他却非管不行。为此我曾写过两封信，但都没有递交本人。有一天，张大夫告诉我，两天后我可以出院了。心中大喜。但是，过了不久，张大夫又告诉我，牟院长不同意，我只好收回喜悦，潜心静候。实际上，善初的用意同张大夫一样，是希望我多住几天，需要检查的地方都去检查一下，最后以一个健康的人的姿态走出医院。这一切都使我激动而且感动。一直到2002年12月31日下午我才离开了301，完成了"三进宫"。

我国有13亿人口，但是301只有一所。能住进普通病房，已属不易。像我这样以一个文职人员竟能住进南楼，权充首长，也许只有我这一份儿。其困难程度可想而知。我可是万万没有想到，想离开这里比进来还要难上加难。原因完全是善意的，已如上述。

写到这里，我的"三进宫"算是唱完了。不管我是多么怀念301，不管我是怎样感激301，不管我是多么想念那里的男女老少朋友们，我也不想像前三次进宫那样再来一次"四进宫"。

2003.2.6写完

笑着走

走者,离开这个世界之谓也。赵朴初老先生,在他生前曾对我说过一些预言式的话。比如,1986年,朴老和我奉命陪班禅大师乘空军专机赴尼泊尔公干。专机机场在大机场的后面。当我同李玉洁女士走进专机候机大厅时,朴老对他的夫人说:"这两个人是一股气。"后来又听说,朴老说:别人都是哭着走,独独季羡林是笑着走。这一句话给我留下了很深的印象。我认为,他是十分了解我的。

现在就来分析一下我对这一句话的看法。应该分两个层次来分析:逻辑分析和思想感情分析。

先谈逻辑分析。

江淹的《恨赋》最后两句是:"自古皆有死,莫不饮恨而吞声。"第一句话是说,死是不可避免的。对待不可避免的事情,最聪明的办法是,以不可避视之,然后随遇而安,甚至逆来顺受,使不可避免的危害性降至最低点。如果对生死之类的不可避免性进行挑战，则必然遇大灾难。"服食求神仙，多为药所误"。秦皇、汉武、唐宗等等都是典型的例子。既然非走不行，哭又有什么意义呢？反不如笑着走更使自己洒脱、满意、愉快。这个道理并不深奥，一说就明白的。我想把江淹的文章改一下：既然自古皆有死，

季羡林先生与赵朴初先生在亲切地交谈

何必饮恨而吞声呢？

总之，从逻辑上来分析，达到了上面的认识，我能笑着走，是不成问题的。

但是，人不仅有逻辑，他还有思想感情。逻辑上能想得通的，思想感情未必能接受。而且思想感情的特点是变动不居。一时冲动，往往是靠不住的。因此，想在思想感情上承认自己能笑着走，

必然有长期的磨炼。

在这里,我想,我必须讲几句关于朴老的话。很多人都知道,朴老一生吃素,不近女色,他有特异功能,是理所当然的。他是虔诚的佛教徒,一生不妄言。他说我会笑着走,我是深信不疑的。

我虽然已经九十五岁,但自觉现在讨论走的问题,为时尚早。再过十年,庶几近之。

2006年3月19日

第四辑　愿生生世世为中国人——关于爱国

我常对年轻人讲，不仅在国内要有人格，不能一见钱就什么都不讲了，出国也要有国格，不能忘记自己是中国人，不能忘记国格。

——《略说中国传统文化及其特点》

中华民族是一个伟大的民族，勤劳、勇敢、智慧，对人类做出了巨大的贡献。这是谁也否认不掉的。我自以生为中国人为荣，生为中国人自傲。如果真正有轮回转生的话，我愿生生世世为中国人。

——《中国的民族性》

我身上的优点不多，惟爱国不敢后人。即使我将来变成了灰，我的每一灰粒也都会是爱国的。这是我的肺腑之言。

——《我和北大》

寻根漫谈

世间万事万物总都有个根。根者,产生之根源也。我国文化也必有其产生的根源,寻找这个根源,其意义无比重大。前几年提出的弘扬中华优秀文化的号召,目前流行于社会中的发扬爱国主义精神的倡议,实际上也都是寻根的举措。

《三国志演义》一开头就说:"夫天下大势分久必合,合久必分。"这两句话概括了一部中国史。然而,仔细计算起来,中国历代总是合多分少,至今我们仍是一个统一的国家,海峡两岸目前的情况只能是一个暂时的现象,统一迟早必定会实现的。

这种人类史上空前的现象,其根何在?

中华文化,历史悠久,彪炳环宇,辉煌璀璨,众口交誉,其影响广被大千世界,历数千年而不衰。我们无法想象,如果地球上没有中华文化,人类今天的文化会是什么样子。

这种文化史上的稀有现象,其根安在?

中华文化,不但在大的方面辉煌灿烂,在小的方面也是如此。

中华的饮食文化、茶文化、酒文化、医药文化、戏剧文化，等等等等；更小而至于围棋、象棋、麻将，等等，亦无不博大精深；连针灸、气功、按摩、推拿等等也都能造福人类。拿西方的扑克等等来与之相较，其深浅真难以道里计了。

这些人类史上的奇迹，其根何在？

现在已经到了20世纪的世纪末，一个新的世纪已经来到了门前，我国和全人类都处在一个转折关头。在这样的关键时刻，为了中华文化和世界文化的发展，为了中国的和平统一，为了世界的持久和平，为了中国和世界人民的根本福利，为了人类前途的发展，上面谈到的这一些根，都有必要来寻上一下。根就是本，循本才能求末，本末同求，斯为至善。

因此，我祝贺《寻根》的创刊。

我祝福《寻根》茁壮成长，寿登千岁。

1994年1月19日

陈寅恪先生的爱国主义[1]

各位来宾，朋友们：

刚才主席让我作学术演讲。我本来就有点惶恐。这样一来的话我更加惶恐了，为什么呢？因为作为陈先生的弟子，我对陈先生的道德文章学习得相当不好，在座的好多陈先生的弟子都比我强，今天安排我来讲话，胡守为同志给我讲过几次，一定要我讲。我说我不行，现在又来了一个学术报告，实在是不敢当。我也没有什么稿子。昨天下午我才开始考虑这个问题，因此我的很多看法是昨天才形成的，也就是说，昨天下午才把整个的今天要讲话的大体框架完成，因此，我讲的话，恐怕很多地方是外行，请大家指正。

我今天讲，也要有个题目，我想讲讲"陈寅恪先生的爱国主义"。这个题目是怎么来的呢？大家都知道，陈先生一家，从陈先生的祖父陈宝箴先生开始就是爱国的，散原老人是爱国的，陈先生

---

[1] 此文系季羡林先生在1994年广州中山大学举办的"纪念陈寅恪教授学术讨论会暨《柳如是别传》与国学研究传统"讨论会上的发言。

1899年陈宝箴与诸孙及重孙合影于江西南昌（左起陈方恪、陈寅恪、陈覃恪、陈宝箴、陈封可（陈衡恪子）、陈衡恪、陈隆恪）

是爱国的，陈先生的第四代流求、美延和流求、美延的下一代，我想都是爱国的。四代、五代爱国的，起码三代。英法联军攻进北京，火烧圆明园，当时陈宝箴先生在城里，看到火光，痛哭流涕。大家都知道，散原老人实际上是因为日本侵略中国，老人拒绝服药、拒绝吃饭而去世的。这个大家都知道。那么，陈先生的爱国主义表现在什么地方？我想就这个题目，谈点我个人的看法，这里面牵涉到《柳如是别传》。

爱国主义这个词是很好的词，大家一听爱国主义啊，都是不会批判的，因为每个民族都有权利爱自己的国家。这几年呢，我就考虑爱国主义，词是个好词，可是我就考虑这又和我们市场上的货物一样，有真货，有假货，有冒牌的。我就说爱国主义应该区分两种：一种真正的，一种假冒伪劣的。这个区别并不难，大家知道，日本侵略中国，中国人，不管是国民党还是共产党，都要抗日的。这个大家没有否定。那么日本人也高呼爱国主义，东条英机高呼爱国。但是把中国的爱国主义与日本的爱国主义一对比，中间的区别是很大的。因此我就想，真正的爱国主义是正义的爱国主义，应该是这么一个样子，它不允许别的民族侵略自己，这是一；第二，也不侵略别的民族。因此，我认为真正的爱国主义与国际主义是相联系的。假的爱国主义就是侵略别人、压迫别人，然后反而高呼爱国。我干脆举日本军国主义为例，再举的话也容易：希特勒就是。希特勒的爱国主义喊得雷一般响，但却对别的国家发起了闪电战。他爱什么国呢？他爱他的法西斯国家，侵略别人，压迫别人，奴役别人。所以爱国主义应该分成这么两种，其道理是比较容易懂的，这我就不多说了。这真正的爱国主义呢，就是我刚才讲的陈宝箴先生、陈散原老人、寅恪先生的，为什么呢？因为它是抵抗外寇、不允许别的民族侵略自己，是正义的。后来我又想这个问题，恐怕正义的爱国主义又应当分为两个层次：一般人，我们中国人受别人侵略，我们起来反抗，爱我们的国家，我觉得这个是我们应该歌颂的、赞扬的。但我觉得这种爱国主义是一般的，层次不高；层次更高的是与文化联系起来。我想陈先生在所撰的《王观堂先生挽词》的序，大家都看过，序很短，可是道理很深刻。怎么说呢，王静安先生与陈先生的岁数虽有差别，环境也不一样，可是两个人的关系真是心心相印、息息相关，"心有灵犀一点通"。诗中讲："回思寒夜话明昌，相对南冠泣数行。"从中可以知道，当年陈先生与王观堂先生在清华大学工字厅寒夜中谈论过去的事,所以二人相对流泪,二人的感情是完全一致的。为什么?我今天想解释这个问题,我觉得这个问题实质上就是高层次的爱国主义。陈先生的这段挽词同在清华立的碑上的碑文(也出自陈先生之手)内容差不多,碑文也很短,讲的问题就是众所周知的中国文化。我们高喊弘扬中华民族的优秀文化。我们中华民族优秀文化究竟表现在什么地方,大家各自的看法可能不尽一致,我自己感觉到中华民族优秀文化的一个表现就是爱国主义。这一点我在北京已经讲过,可能有些同志不同意我的看法。我的看法也不是瞎想的。我不专门搞哲学,严格讲也不专门搞历史。但是喜欢胡思乱想。我想中国的爱国主义者,像中国汉朝的苏武、宋朝的岳飞及文天祥、明代的戚继光、史可法等,都是我们熟悉的。所以,我们中国的历史上,从汉朝一直到满清有一系列爱国主义人物,深入人心。这种情况在别的国家很少见,我在欧洲呆了好多年,因此了解一点,欧洲如举一个著名的爱国者就不好举,什么原因呢?在座的都是历史学家,也有搞外国历史的,都清楚。原因很简单,我们是实事求是的,这是我们中国历史所决定的。中国这个国家非常奇怪。立国几千年,我们天朝大国,按道理讲,我们这样一个国家,在封建社会,那个天子、皇帝享有至高无上的权威,只允许侵略别人,不允许别人侵略,应该能够这么讲。可事实并不是这样子,大家都知道,从先秦的周代等时期开始,中国就被当时称为"蛮夷戎狄"的少数民族所侵扰;秦朝,秦始皇是一个了不起的人物,为了抵御北方的匈奴,他主持修筑长城。当然长城并不只是秦始皇时代才修筑的,在战国时期就修了。长城的修筑，有效地抵御了匈奴的侵扰；到了汉代，开国之主刘邦也被匈奴包围于平城；后来汉武帝时几员著名大将，跟匈奴作战，打了几个胜仗。可无论如何，北方的威胁却始终没有解除。曹操时，北方威胁仍存；到了五胡乱华时代则更不必说了。唐朝是一个了不起的朝代，唐太宗李世民的父亲李渊却对突厥秘密称臣。后来，唐太宗觉得称臣于突厥不大光彩，想方设法掩盖这个事实。整个唐代，北方的威胁一直没有解除；到了宋朝那就更清楚了，先是辽，后来是金。两个北宋皇帝徽宗、钦宗让人俘虏，这在中国历史上是很少见的。后来宋廷偏安于中国东南一隅。到了元朝，其统治民族蒙古是我们今天的兄弟民族，在当时不能这样看，蒙古在灭宋以前，已经建成了一个大帝国。我们不能把古代现代化。中华民族这个包括56个民族的大家庭，是在中国共产党领导下才明确形成的。清朝，今天也是我们的兄弟民族，当时清朝的文化与我们不一样，当然，清朝一入关就汉化，可毕竟是另一个文化体系。

总而言之，我认为中国之所以产生爱国主义，就因为有外敌，而且一直没断，原来一直在北方，后来是东方，主要是倭寇，西方最厉害的是明朝末年从澳门进来的西方资本主义国家，后来形成了帝国主义。还有南方。东西南北都有外敌。我们讲历史唯物主义，要讲事实，存在决定意识，在这种情况下中国必然产生爱国主义，而这种爱国主义必然是正确的。当然，我们也不能说，中国封建社会以皇帝为代表的统治阶级没有侵略别人，这话是不对的。中国汉族也侵略了别的不少民族，这是不能否定的。可总起来的话，是御外敌的。这是历史决定的，不是中华民族天生就爱国，这也不符合历史情况。欧洲则不是这种情况,欧洲长期是乱七八糟的,建国时间又短。美国的情况更特殊,它建国以来,基本上没有外敌,所以美国讲爱国主义,我不知道怎么爱法。这是我信口谈来。由此,我就想陈先生在给王观堂所撰的挽词前的短序中讲了这么一个想法:中华文化是三纲六纪。三纲六纪,据我的体会,里面就包括了爱国主义精神。如"君为臣纲",说君臣这一纲,陈先生举了一个例子,"君为李煜亦期之以刘秀",意思就是,人君的贤与否,无关重要。他只是一个符号,一个象征,他象征的是文化,象征的是国家。陈先生又讲,三纲六纪是抽象理想。文化是抽象的,抽象的东西必然有所寄托,陈先生原文作"依托"。一个是依托者,一个是被依托者。文化三纲六纪是抽象的,抽象的本身表现不出来,它必然要依托他物,依托什么东西呢?陈先生讲的是社会制度,特别是经济制度,总起来就是国家。文化必然依托国家,然后才能表现,依托者没有所依托者不能表现,因此,文化与国家成为了同义词。再回过头来,王国维先生之所以自杀,当时外面议论很多,陈寅恪先生认为他不是为了具体的人,不是忠于清王室或宣统皇帝,认为他忠于清朝或宣统皇帝不过是流俗之见。王国维先生之所以执意自杀,就是因为他是这个文化所化之人,文化本身有一个依托一国,以王国维先生而言,这个依托就是清朝。所以,清朝是他的文化理想的依托者。后来陈先生讲十七年(1911—1928年),从辛亥革命起,清朝灭亡,受清朝文化所化的最高代表王国维先生,这个国家不能存在了,按陈先生之意,所依托者一旦不能存在,文化也不能存在。那么,为这个文化所化之人也必然不能存在。所以,陈先生认为王静安先生之所以自杀是因为他所依托的那个国不能存在了，具体的东西不存在了，抽象的文化也无法依存，于是执意自杀。

那么，陈先生为什么与王国维先生心心相通？陈先生为什么写《柳如是别传》，这就是我的解释。中国外来文化，第一个是佛教，佛教有一个特点，就是它是不依靠武力而传播到中国的；后来元朝文化进入中国，靠的是武力；清朝文化亦然。日本人侵略中国，背后有武力。这二者之间的很大不同是，有些外来文化传入中国，不依靠武力，有的则依靠武力。就明末清初而言，正是满清文化与汉族文化冲突很剧烈的一个时期，在这个时期，钱牧斋与柳如是及其他一大批文化人首当其冲。他们的心态，是为中国的汉族文化所化之人的心态。当明朝这个代表文化、使之具体化的国家不存在了，所依托的人，一批自杀了。钱牧斋虽说没有自杀，可是他的心态看得出。到了后来辛亥革命彻底推翻了封建王朝，这又是一个文化大变革的时期。王国维先生与陈先生均生活于当时，故陈先生对王先生之所以执意自杀，不同于流俗的那种解释，而是从文化的角度去看。因此，我说爱国主义有两个层次：一般的层次是我爱我的国家，不允许别人侵略；更高层次的则是陈先生式的爱国、王国维先生式的爱国。

有一个问题是近来常谈的。我看本次与会论文中也有，讲陈先生的诗中含有悲观主义情绪，调子不是那么乐观的。为什么呢？还有一个问题，大家都说陈先生是一位考据大师，这话一点也不错。考据这个学问到了陈先生手中得心应手，是到家了。那么，陈先生的考据与乾嘉朴学大师的有没有区别呢？我看区别很大。陈先生为人，不慕荣利，不与人争，大家都很容易误认为陈先生是"两耳不闻窗外事，一心只读圣贤书"，不关心时事的。实际上，在座的各位陈先生的弟子都知道，陈先生绝不是那种人，陈先生是一位感情非常丰富，对自己的国家、人民非常爱护的人。他非常关心时事，他不仅关心过去的时事，也关心现在的时事。陈先生诗中，有古典，有今典，还有佛典，很复杂，我们甚至可以这么说，陈先生的所有著作中，都有一种感情，表面看起来是泛泛的考证，考证是无懈可击的，但考证里面有感情，乾嘉大师们就做不到这点，也不可能做到，二者所处的环境不一样。所以，我们了解、学习陈先生，一方面是学习他的考证、他的学术成就；另一方面，应学习他寄托在考证中的感情，他的每一篇论文（著），特别是《柳如是别传》，他的思想、感情寄托在里面。表面上看起来是繁琐考证：人名、地名，或者日期，核心却是爱国、爱文化。陈先生在1929年写了一首诗，送给北大历史系的学生，诗曰："群趋东瀛受国史，神州士夫羞欲死"，说学习中国史却要到日本去学，后来，陈先生寄望于北大历史系学生，希望他们一洗这一耻辱，这当然是爱国主义的表现。我看在这里爱国主义也有两种解释，一种是爱我的国家，一般的；一种是高层次的，爱我们的文化，陈先生此诗，包含高、低两层次的含义。

陈先生之所以在晚年费那么大的力量，克服那么大的困难来写《柳如是别传》，绝对不是为了考证而考证，从陈先生的考证，我们可以学习很多东西，不仅限于此。陈先生真正的感情、真正的对中国文化的感情，都在里面。

解放以后，陈先生也写了不少的诗，外面有很多传说，陈先生在诗中是否对现实都满意呢？我认为这不可能，我甚至可以这么说，任何时代的政治也不能为当时的人百分之百地完全接受，我想将来也不会。陈先生的诗十分难懂，周一良先生讲过几次，的确是非常难懂，有些话不能直说，婉转地说，用典，所用的典也很冷僻，很难查。陈先生诗中表现的感情，我觉得并不奇怪，若在50年代，我还不能这样讲，经过了45年，陈先生的想法未必不正确。他忧国忧民，才如此作想。若他对我们的国家、我们的文化根本毫不在意，他就绝对不会写这样的诗。歌颂我们的国家是爱国，对我们的国家不满也是爱国，这是我的看法。若陈先生是真的不爱国的话，他就根本不会作学问，写诗。这正如当时某些上海人所说的"国事管他娘，打打麻将"。对国家漠不关心，才会这样；而陈先生的关心，就是爱国的表现，不管这个国正确不正确。

中山大学多次召开纪念陈寅恪先生的学术讨论会，我觉得非常英明，这为我们活着的人和下一代的人树立了一个爱国主义的榜样，应该得到最高的赞扬。我已说过，历史不是我的本行，所以，今天所讲，是我的乱想乱讲，说得不对的，请大家批评，谢谢大家。

羡林案：

我这一篇发言，既无讲稿，连提纲也没有。中大历史系的同志们，根据录音，整理成这个样子，实在不容易，应当向他们致谢。我看了一遍，只作了极小的改动。原来的口气都保留了。

1994年10月26日

谈中国精神[1]

郑州社科联的青年学者窦志力同志，冒着北国的寒风，不远千里，从郑州来到北京，把自己的新著《中国精神》这一部长达四十万言的新著送到我手中，并且让我写一篇序。说句老实话，我现在以望九之年被文债压得喘不过气来，原打算立即婉言谢绝的。但是，一想到这个书名：中国精神，我立刻想到中国诗圣杜甫的四句诗："好雨知时节，当春乃发生，随风潜入夜，润物细无声。"正当我们全国人民群策群力，意气风发，锐意弘扬和创造我们的精神文明时，这一部书难道不是一场"当春乃发生"的"及时雨"吗？

再说句老实话，我现在实在挤不出时间细读这样一部巨著。我只能大体翻看一下，看看全书的目录和结构，找出我自己认为必读的几个章节，细读了一番，其余的只能望一望它而已，我决不冒充我曾读过全书。

---

[1] 本文原为《中国精神》序言。

就我翻阅所及，我觉得这是一部好书。有资料，有分析，有见解，有论断，而且有一些见解很精辟，发前人之所未发。虽然我不敢说，对他的意见我全部同意；但是我却不能不佩服这位青年学者思想之敏锐，对中国精神分析之细致。有的话切中时弊，发人深省。这些都是作者近几年来奋发努力、锲而不舍的结果，我应该向他祝贺。

我对中国精神，或者笼统说东方文化，没有多么深的研究。由于自己好胡思乱想，所以也悟出了一些道理，不敢敝帚自珍，曾写过一些文章，得到的反响总起来说是积极的。但自知是"野狐谈禅"，并不敢沾沾自喜。

我同作者的意见有的是一致的，有的是近似的。比如，他从五个方面来概括中华民族的基本精神：爱国爱民的献身精神，勤劳智巧的创业精神，忠诚无畏的勇敢精神，仁爱孝敬的重德精神，追求光明进步的革命精神。对他这样的概括，我是同意的。

鲁迅先生的《且介亭杂文》中有一篇文章叫《中国人失掉自信力了吗？》。他在文章中写道："我们从古以来，就有埋头苦干的人，有拚命硬干的人，有为民请命的人，有舍身求法的人……虽是等于为帝王将相作家谱的所谓'正史'，也往往掩不住他们的光耀，这就是中国的脊梁。"鲁迅先生这一段话，同窦志力同志在上面列举的五条对比一下，可以发现许多共同的东西。

多少年以来，总有一个问题萦回在我的心中：什么是中华民族最优秀的传统？几经思考的结果，我认为是爱国主义。我们是唯物主义者，不能说，中国人天生就是爱国的。存在决定意识，必须有一个促成爱国主义的环境，我们才能有根深蒂固的爱国主义。只要看一看我们几千年的历史，这样的环境立即呈现在我们眼前。在几千年的历史中，我们始终没有断过敌人，东西南北，四面都有。虽然有的当年的敌人今天可能已融入中华民族之中；但是在当年，他们只能算是敌人。我们决不能把古代史现代化，否则我们的苏武、岳飞、文天祥等等一大批著名的爱国者，就都被剥去了爱国的光环，成为内战的牺牲者。

但是，爱国主义并不一定都是好东西。我认为，我们必须严格区分正义的爱国主义和邪恶的爱国主义。在过去的历史上我们中国基本上一直是受侵略、受压迫、受杀害的，因此我们的爱国主义是正义的。而像日本军国主义者和德国法西斯，手上涂满了别国人民的鲜血，而口中却狂呼爱国，这样的爱国主义难道还不是最邪恶的吗？这样的爱国主义连他们本国的人民也是应该挺身而出痛加挞伐的。今天，我们虽然已经翻了身，享受了独立自由的生活；但是心怀叵测的一些列强仍在觊觎敌视。因此，我们仍然要努力发扬正义的爱国主义精神，这是我们神圣的职责。

现在我们已经改革开放，正处在市场经济的大潮中，正处在一个重要的转型期中，我们仍然要弘扬中国文化中国精神的精髓，这一点我在上面已经谈过了。但是我们的中国精神和以中国文化为核心的东方文化，其作用就仅仅限于中国和东方吗？否，否，绝不是的。自工业革命以后，几百年来，西方列强挟其分析的思维模式，征服自然，为人类创造了空前辉煌的文化，世界各国人民皆蒙其利。然而到了今天，众多弊端都显露了出来，举其荦荦大者就是环境污染、生态平衡破坏、新疾病产生、臭氧层出洞，等等。如果其中一项我们无法遏止，人类前途就处在危险之中。有没有拯救的办法呢？有的。"三十年河东，三十年河西"，西方不亮东方亮，唯一的一条拯救之路就是以东方综合思维模式来济西方之穷，在过去已有的基础上改弦更张，人类庶几有被拯救的可能，这就是我的结论。

给别人的书写序而侈谈自己的主张，似乎不妥。但我并不认为是这样的。我这样写不过表示我们"心有灵犀一点通"而已。

1996年12月10日

我和北大

北大创建于1898年,到明年整整一百年了,称之为"与世纪同龄",是当之无愧的。我生于1911年,小北大13岁,到明年也达到87岁高龄,称我为"世纪老人",虽不中不远矣。说到我和北大的关系,在我活在世界上的87年中,竟有51年是在北大度过的,称我为"老北大"是再恰当不过的。由于自然规律的作用,在现在的北大中,像我这样的"老北大",已寥若晨星了。

在北大五十余年中,我走过的并不是一条阳关大道。有光风霁月,也有阴霾蔽天;有"山重水复疑无路",也有"柳暗花明又一村",而后者远远超过前者。这多一半是人为地造成的,并不能怨天尤人。在这里,我同普天下的老百姓,特别是其中的知识分子,是同呼吸、共命运的,大家彼此彼此,我并没有多少怨气,也不应该有怨气。不管怎样,不知道有什么无形的力量,把我同北大紧紧缚在一起,不管我在北大经历过多少艰难困苦,甚至一度曾走到死亡的边缘上,我仍然认为我这一生是幸福的。一个人只有一次生命，我不相信什么轮回转生。在我这仅有的可贵的一生中，从"春风得意马蹄疾"的少不更事的青年，一直到"高堂明镜悲白发"的耄耋之年，我从未离开过北大。追忆我的一生，怡悦之感，油然而生，"虽九死其犹未悔"。

有人会问："你为什么会有这样的感觉呢？"这个问题是我必须答复的。

记得前几年，北大曾召开过几次座谈会，探讨的问题是：北大的传统究竟是什么？参加者很踊跃，发言也颇热烈。大家的意见不尽一致，这是很自然的现象。我个人始终认为，北大的优良传统是根深蒂固的爱国主义。有人主张，北大的优良传统是革命。其实真正的革命还不是为了爱国？不爱国，革命干吗呢？历史上那种"你方唱罢我登场"的"以暴易暴"的改朝换代，应该排除在"革命"之外。

讲到爱国主义，我想多说上几句。现在有人一看到"爱国主义"，就认为是好事，一律予以肯定。其实，倘若仔细分析起来，世上有两类性质截然不同的爱国主义。被压迫、被迫害、被屠杀的国家或人民的爱国主义是正义的爱国主义，而压迫人、迫害人、屠杀人的国家或人民的"爱国主义"则是邪恶的"爱国主义"，其实质是"害国主义"。远的例子不用举了，只举现代的德国的法西斯和日本的军国主义侵略者，就足够了。当年他们把"爱国主义"喊得震天价响，这不是"害国主义"又是什么呢？

而中国从历史一直到现在的爱国主义则无疑是正义的爱国主义。我们虽是泱泱大国，那些皇帝们也曾以"天子"自命而沾沾自喜。实际上从先秦时代起,中国的"边患"就连绵未断。一直到今天,我们也不能说,我们毫无"边患"了,可以高枕无忧了。我们决不能说,中国在历史上没有侵略过别的国家或民族。但是历史事实是,绝大多数时间,我们是处在被侵略的状态中。我们有多少"真龙天子"被围困,甚至被俘虏;我们有多少人民被屠杀,都有史迹可考。在这样的情况下,我们中国在历史上出的伟大的爱国者之多,为世界上任何国家所不及。汉代的苏武,宋代的岳飞和文天祥,明代的戚继光,清代的林则徐,等等,至今仍为全国人民所崇拜。至于戴有"爱国诗人"桂冠的则更不计其数。难道说中国人的诞生基因中就含有爱国基因吗?那样说是形而上学,是绝对荒唐的。唯物主义者主张存在决定意识。我们祖国几千年的历史这个存在,决定了我们的爱国主义。

现在在少数学者中有一种议论说,在中国历史上只有内战,没有外敌侵入,日本、英国等的"八国联军"是例外。而当年的匈奴、突厥、辽、金、蒙、满等族的行动,只是内战,因为这些民族今天都已纳入中华民族大家庭中了。这种说法,我实在不敢苟同。这是把古代史现代化,没有正视当时的历史事实。而且事实上那些民族也并没有都纳入中华民族的大家庭中,一个显著的例子就摆在眼前:蒙古人民共和国赫然存在,你怎么解释呢?如果这种论调被认为是正确的话,中国历史上就根本没有爱国者,只有内战牺牲者。西湖的岳庙,遍布全国许多城市的文丞相祠,为了"民族团结"都应当立即拆掉。这岂不是天下最荒唐的事情!连汉族以外的一些人也不会同意的。我认为,我们今天全国56个民族确实团结成了一个中华民族的大家庭，这是空前未有的，这应该归功于中国共产党，归功于我们全体人民。为了建设我们的伟大祖国，我们全国各族人民，都应当像爱护自己的眼球一样，维护我们的安定，维护我们的团结，任何分裂的行动都将冒天下之大不韪。我们都应该向前看，不应当向后看，不应当再抓住历史上的老账不放。

这话说得有点远了；但是，既要讲爱国主义，这些问题都必须弄清楚的。

现在回头来再谈北大与爱国主义。在古代，几乎在所有的国家中，传承文化的责任都落在知识分子肩上。不管工农的贡献多么大，但是传承文化却不是他们所能为。如果硬要这样说，那不是实事求是的态度。传承文化的人的身份和称呼，因国而异。在欧洲中世纪，传承者多半是身着黑色长袍的神父，传承的地方是在教堂中。后来大学兴起，才接过了一些传承的责任。在印度古代，文化传承者是婆罗门，他们高居四姓之首。东方一些佛教国家，古代文化的传承者是穿披黄色袈裟的佛教僧侣，传承地点是在寺庙里。中国古代文化的传承者是"士"。士、农、工、商是社会上主要阶层，而士则同印度的婆罗门一样高居首位。传承的地方是太学、国子监和官办以及私人创办的书院，婆罗门和士的地位，都是他们自定的。这是不是有点过于狂妄自大呢？可能有的；但是，我认为，并不全是这样，而是由客观形势所决定的，不这样也是不行的。

婆罗门、神父、士等等都是知识分子，他们的本钱就是知识，而文化与知识又是分不开的。在世界各国文化传承者中，中国的士有其鲜明的特点。早在先秦，《论语》中就说过："士不可以不弘毅，任重而道远。"士们俨然以天下为己任，天下安危系于一身。在几千年的历史上，中国知识分子的这个传统一直没变，后来发展成"天下兴亡，匹夫有责"。后来又继续发展，一直到了现代，始终未变。

不管历代注疏家怎样解释"弘毅"，怎样解释"任重道远"，我个人认为，中国知识分子所传承的文化中，其精髓有两个鲜明的特点，一个是我在上面详细论证的爱国主义，一个就是讲骨气，讲气节，换句话说也就是在帝王将相的非正义的行为面前不低头；另一方面，在外敌的斧钺面前不低头，"威武不能屈"。苏武和文天祥等等一大批优秀人物就是例证。这样一来，这两个特点实又有非常密切的联系了，其关键还是爱国主义。

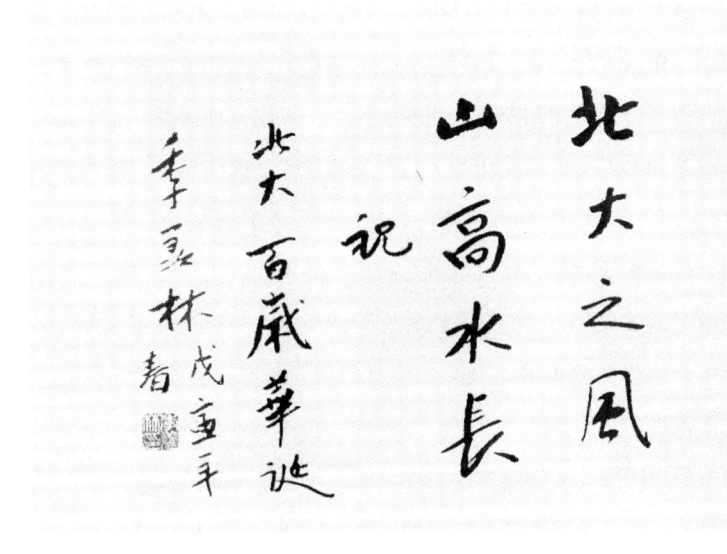

如果我们改一个计算办法的话，那么，北大的历史就不是

一百年，而是几千年。因为，北大最初的名称是京师大学堂，而京师大学堂的前身则是国子监。国子监是旧时代中国的最高学府，已有一千多年的历史，其前身又是太学，则历史更长了。从最古的太学起，中经国子监，一直到近代的大学，学生都有以天下为己任的抱负，这也是存在决定意识这个规律造成的。与其他国家的大学不太一样，在中国这样的大学中，首当其冲的是北京大学。在近代史上，历次反抗邪恶势力的运动，几乎都是从北大开始。这是历史事实，谁也否认不掉的。五四运动是其中最著名的一次。虽然名义上是提倡科学与民主，骨子里仍然是一场爱国运动。提倡科学与民主只能是手段，其目的仍然是振兴中华，这不是爱国运动又是什么呢？

我在北大这样一所肩负着传承中华民族的优秀文化的、背后有悠久的爱国主义传统的学府，真正是如鱼得水，认为这才真正是我安身立命之地。我曾在一篇文章写过，我身上的优点不多，惟爱国不敢后人。即使我将来变成了灰，我的每一灰粒也都会是爱国的。这是我的肺腑之言。以我这样一个怀有深沉的爱国思想的人，竟能在有悠久爱国主义传统的北大几乎度过了我的一生，我除了有幸福之感外，还有什么呢？还能何所求呢？

1997年12月13日

中国的民族性

我一向认为，世界上不同的民族都有不同的民族性。那么，我们中华民族怎样呢？我们中华民族当然不能例外。

中华民族是一个伟大的民族，勤劳、勇敢、智慧，对人类做出了巨大的贡献。这是谁也否认不掉的。我自以生为中国人为荣，生为中国人自傲。如果真正有轮回转生的话，我愿生生世世为中国人。

但是——一个很大的"但是"，环视我们四周，当前的社会风气，不能说都是尽如人意的。有的人争名于朝，争利于市，急功近利，浮躁不安，只问目的，不择手段。大抢大劫，时有发生；小偷小摸，所在皆是。即以宴会一项而论，政府三令五申，禁止浪费；但是令不行，禁不止，哪一个宴会不浪费呢？贿赂虽不能说公行，但变相的花样却繁多隐秘。我很少出门上街；但是，只要出去一次，必然会遇到吵架斗殴的。在公共汽车上，谁碰谁一下，谁踩谁一脚，这是难以避免的事，只须说上一句："对不起！"就可以化干戈为玉帛；然而，"对不起！""谢谢！"这样的词儿，我们大多数人都不会说了，必须在报纸上大力提倡。所有这一切，同我国轰轰烈烈、红红火火的伟大建设工作，都十分矛盾，十分不协调。同我们伟大民族的光荣历史，更是非常不相称。难道说我们这个伟大民族："撞"着什么"客"了吗？

鲁迅先生是最热爱中华民族的，他毕生用他那一支不值几文钱的"金不换"剖析中国的民族性，鞭辟入里，切中肯綮，对自己也决不放过。当你被他刺中要害时，在出了一身冷汗之余，你决不会恨他，而是更加爱他。可是他的努力有什么结果呢？到了今天，已经换了人间，而鲁迅点出的那一点缺点，不但一点也没有收敛，反而有增强之势。

有人说，这是改革开放大潮社会转轨之所致。我看，恐怕不是这个样子。前几年，我偶尔为写《糖史》搜集资料读到了一本19世纪中国驻日本使馆官员写的书，里面讲到这样一件事。这一位新到日本的官员说：他来日本已经数月，在街上没有看到一起吵架的。一位老官员莞尔而笑，说：我来日本已经四年，也从来没有看到一起吵架的。我读了以后，不禁感慨万端。不过，我要补充一句：日本人彬彬有礼，不吵架，这十分值得我们学习。对广大日本人民来说，这是完全正确的。但是对日本那一小撮军国主义侵略分子来说，他们野蛮残暴，嗜血成性，则完全是另一码事了。

不管怎样，中国民族性中这一些缺点，不自改革开放始，也不自建国始，更不自鲁迅时代始，恐怕是古已有之的了。我们素称礼义之邦，素讲伦理道德，素宣扬以夏变夷；然而，其结果却不能不令人失望而且迷惑不解。难道我们真要"礼失而求诸野"吗？这是我们每一个中国人所面临的而又必须认真反省的问题。

1998年7月16日

漫谈出国

当前,在青年中,特别是大学生中,一片出国热颇为流行。已经考过托福或GRE的人比比皆是,准备考试者人数更多。在他们心目中,外国,特别是太平洋对岸的那个大国,简直像佛经中描绘的宝渚一样,到处是黄金珠宝,有四时不谢之花,八节长春之草,宛如人间仙境,地上乐园。

遥想六七十年前,当我们这一辈人还在念大学的时候,也流行着一股强烈的出国热。那时出国的道路还不像现在这样宽阔,可能性很小,竞争性极强,这反而更增强了出国热的热度。古人说:"凡所难求皆绝好,及能如愿便平常。""难求"是事实,"如愿"则渺茫。如果我们能有"前知五百年,后知五百年"的神通,我们当时真会十分羡慕今天的青年了。

但是,倘若谈到出国的动机,则当时和现在有如天渊之别。我们出国的动机,说得冠冕堂皇一点就是想科学救国;说得坦白直率一点则是出国"镀金",回国后抢得一只好饭碗而已。我们绝没有

1936年冬，作者与在德国的中国留学生合影

幻想使居留证变成绿色，久留不归，异化为外国人。我这话毫无贬意。一个人的国籍并不是不能改变的。说句不好听的话，国籍等于公园的门票，人们在里面玩够了，可以随时走出来的。

但是，请读者注意，我这样说，只有在世界各国的贫富方面都完全等同的情况下，才能体现其真实意义，直白地说就是，人们不是为了寻求更多的福利才改变国籍的。

可是眼前的情况怎样呢？眼前是全世界国家贫富悬殊有如天壤，一个穷国的人民追求到一个富国去落户，难免有追求福利之嫌。到了那里确实比在家里多享些福；但是也难免被人看作第几流公民，嗟来之食的味道有时会极丑恶的。

但是，我不但不反对出国，而是极端赞成。出国看一看，能扩大人们的视野，大有利于自己的学习和工作。可是我坚决反对像俗话所说的那样："牛肉包子打狗，一去不回头。"我一向主张，作为一个人，必须有点骨气。作为一个穷国的人，骨气就表现在要把自己的国家弄好，别人能富，我们为什么就不能呢？如果连点硬骨头都没有，这样的人生岂不大可哀哉！

专就中国而论，我并不悲观。中国人民的爱国主义是根深蒂固的，这都是几千年来的历史环境造成的，不是天上掉下来的。现在中国人出国的极多，即使有的已经取得外国国籍；我相信，他们仍然有一颗中国心。

1998年11月12日

一个真正的中国人，一个真正的知识分子

今天，胡守为教授给了我一个非常艰巨的任务，让我作主题报告，我原来不应该答应，后来我一想有一个条件不答应不行：我年龄最大，所以我就倚老卖老，给大家讲讲，眼前我一张纸也没有，全从脑袋瓜里出来的，有可能出现错误，请大家原谅。

我发言的题目是《一个真正的中国人，一个真正的中国知识分子》，分为两个问题，"一个真正的中国人"讲陈（寅恪）先生的爱国主义，因为近几年国内外对陈先生的著作写了很多文章，今天我们召开研讨会，我初看了一下论文的题目，也是非常有深度的，可是我感到有一点不大够，我们中国评论一个人是"道德文章"，道德摆在前面，文章摆在后面，这标准看起来很简单，实际上并不简单。据我知道，在国际上评论一个人时把道德摆在前面并不是太多。我们中国历史上的严嵩，大家知道是一个坏人，可字写得非常好。传说北京的六必居，还有山海关"天下第一关"都是严嵩写的，没有署名，因为他人坏、道德不行，艺术再好也不行，这是咱

季羡林先生所获荣誉

们中国的标准。今天我着重讲一下我最近对寅恪先生道德方面的一些想法，不一定都正确。

第一个讲爱国主义。关于爱国主义，过去我写过文章，我听说有一位台湾的学者认同我所说的陈先生是爱国主义者，我感到很高兴。爱国主义这个问题我考虑过好多年，什么叫爱国主义？爱国主义有几种、几类？是不是一讲爱国主义都是好的？在此我把考虑的结果向大家汇报一下。

爱国须有"国"，没有"国"就没有爱国主义，这是很简单的。有了国家以后就出现了爱国主义。在中国，出现了许多爱国者，比欧洲、美国都多：岳飞、文天祥、史可法等。在欧洲历史上找一个著名的爱国者比较难。我记得小学时学世界历史，有法国爱国者Jeanne d'Arc（贞德），好像在欧洲历史上再找一个岳飞、文天祥式的爱国者很难，什么原因呢？并不是欧洲人不爱国，也不是说中国人生下来就是爱国的，那是唯心主义。我们讲存在决定意识，因此可以说，是我们的环境决定我们爱国。什么环境呢？在座的都是历史学家，都知道我们中国几千年的历史有一个特点，北方一直有少数民族的活动。先秦，北方就有少数民族威胁中原；先秦之后秦始皇雄才大略，面对北方的威胁派出大将蒙恬去征伐匈奴；到了西汉的开国之君刘邦时，也曾被匈奴包围过；武帝时派出卫青、霍去病征伐匈奴，取得胜利，对于丝绸之路的畅通等有重大意义。六朝时期更没法说了，北方的少数民族或者叫兄弟民族到中原来，隋朝很短。唐代是一个伟大的朝代，唐代的开国之君李渊曾对突厥秘密称臣，不敢宣布，不敢明确讲这个问题。到了宋代，北方辽、金取代了突厥，宋真宗"澶渊之盟"大家都是知道的，不需我讲了，宋徽宗、宋钦宗都被捉到了北方。之后就是南宋，整个宋代由于北方少数民族的威胁，产生了大爱国主义者岳飞、文天祥。元代是蒙古贵族当政，也不必说了。明代又是一个大朝代，明代也受到北方少数民族的威胁，明英宗也有土木堡之围。明代之后清朝又是满族贵族当政。

中国两千多年以来的历史一直有外敌或内敌（下面还将讲这个问题）威胁，如果没有外敌的话，我们也产生不出岳飞、文天祥，也出不了爱国诗人陆游及更早牧羊北海的苏武。中华民族近两千年的历史一直受外敌，后来是西方来或南来的欧洲，或东方来的敌人的威胁。所以，现在中国56个民族，过去不这么算，始终都有外敌。外敌存在是一种历史存在,由于有这么一个历史存在,决定了中国56个民族爱我们的祖国。

欧洲的历史与这不一样,很不一样。虽然难于从欧洲史上找出爱国主义者,但是欧洲人都爱国,这是毫无问题的,他们都爱自己的国家。我说中国人、中华民族爱国是存在决定意识,这是第一个问题。

第二个问题,爱国主义是不是好的?大家一看,爱国主义能是坏东西吗?我反复考虑这个问题,觉得没那么简单。我在上次纪念论文集的序言中讲了一个看法,认为爱国主义有广义、狭义之分。狭义的爱国主义指敌我矛盾时的表现,如苏武、岳飞、文天祥、史可法;还有一种爱国主义不一定针对敌人,像杜甫"致君尧舜上,再使风俗淳","君"嘛,当然代表国家,在当时爱君就是爱国家,杜甫是爱国的诗人。所以,爱国主义有狭义、广义这么两种。最近我又研究这一问题,现在有这么一种不十分确切的看法,爱国主义可分为正义的爱国主义与非正义的爱国主义。正义的爱国主义是什么呢?一个民族、一个国家受外敌压迫、欺凌、屠杀,这时候的爱国主义我认为是正义的爱国主义,应该反抗,敌人来了我们自然会反抗。还有一种非正义的爱国主义,压迫别人的民族,欺凌别人的民族,他们也喊爱国主义,这种爱国主义能不能算正义的?国家名我不必讲,我一说大家都知道是哪个国家,杀了人家,欺侮人家,那么你爱国爱什么国,这个国是干吗的?所以我将爱国主义分为两类,即正义的爱国主义与非正义的爱国主义,爱国主义不都是好的。

我这个想法惹出一场轩然大波。北京有一个大学校长，看了我这个想法，非常不满，给我写了一封信，说：季羡林你那个想法在我校引起了激烈的争论，认为你说得不对，什么原因呢？你讲的当时的敌人现在都是我们56个民族之一，照你这么一讲不是违反民族政策吗？帽子扣得太极了。后来我一想，这事儿麻烦了，那个大学校长亲自给我写信！我就回了一封信，我说贵校一部分教授对我的看法有意见，我非常欢迎，但我得解释我的看法。一是不能把古代史现代化；二是你们那里的教授认为，过去的民族战争，如与匈奴打仗是内战，岳飞与金打仗是内战，都是内战，不能说是爱国。我说，按照这种讲法，中国历史上没有一个爱国者，都是内战牺牲者。若这样，首先应该把西湖的岳庙拆掉，把文天祥的祠堂拆掉，这才属于符合"民族政策"，这里需加上引号。

关于内战，我说我给你举一个例子，元朝同宋朝打仗能说是民族战争吗？今天的蒙古人民共和国承认是内战吗？别的国家没法说的，如匈奴现在我们已经搞不清楚了。鲁迅先生几次讲过，当时元朝征服中国时，已经征服俄罗斯了，所以不能讲是内战。我说，你做校长的，真正执行民族政策应该讲道理，不能歪曲，我还听说有人这样理解岳飞的《满江红》，岳飞的《满江红》中有一句"壮志饥餐胡虏肉，笑谈渴饮匈奴血"，他们理解为你们那么厉害，要吃我们的肉，喝我们的血。岳飞的《满江红》是真是假，还值得研究，一般认为是假。但我知道，邓广铭教授认为是真的。不管怎么样，我们不搞那些考证。虽然这话说得太厉害了，内战嘛，怎么能吃肉喝血。我给他们回信说，你做校长的要给大家解释，说明白，讲道理，不能带情绪。我们56个民族基本上是安定团结的，没问题的。安定团结并不等于说用哪一个民族的想法支配别的民族，这样不利于安定团结。后来他没有给我回信，也许他们认为我的说法有道理。

现在我感觉到爱国主义不一定都是好的，也有坏的。像牧羊的苏武、岳飞、文天祥，面对匈奴，抵抗金、蒙古，这些都是真的爱国主义。那么，陈先生的爱国主义呢？

大家都知道，我说陈先生是三世爱国，三代人。第一代人陈宝箴出生于1831年，1860年到北京会试，那时候英法联军火烧圆明园，陈宝箴先生在北京城里看见西方烟火冲天，痛哭流涕。1895年陈宝箴先生任湖南巡抚，主张新政，请梁启超做时务学堂总教习。陈宝箴先生的儿子陈三立是当时的大诗人，陈三立就是陈散原，也是爱国的，后来年老生病，陈先生迎至北京奉养。1937年陈三立先生生病，后来卢沟桥事变，陈三立老人拒绝吃饭，拒绝服药。前面两代人都爱国，陈先生自己对中国充满了热爱，有人问为什么1949年陈先生到南方来，关键问题在上次开会之前就有点争论。有一位台湾学者说陈先生对国民党有幻想，要到台湾去。广州一位青年学者说不是这样。实际上可以讲，陈先生到了台湾也是爱国，因为台湾属于中国，没有出国，这是诡辩。事实上，陈先生到了广东不再走了，他对蒋介石早已失望。40年代中央研究院院士开会，蒋介石接见，陈先生回来写了一首诗"看花愁近最高楼"，他对蒋介石印象如此。

大家一般都认为陈先生是钻进象牙塔里做学问的，实际上，在座的与陈先生接触过的还有不少，我也与陈先生接触了几年，陈先生非常关心政治，非常关心国家前途，所以说到了广东后不再走了。陈先生后来呢，这就与我所讲的第二个问题有关了。

陈先生对共产主义是什么态度，现在一些人认为他反对共产主义，实际上不是这样的，大家看一看浦江清《清华园日记》，他用英文写了几个字，说陈先生赞成Communism（共产主义），但反对Russian Communism，即陈先生赞成共产主义，但反对俄罗斯式的共产主义。浦江清写日记，当时不敢写"共产"两个字，用了英语。说陈先生反对共产主义是不符事实的。那么，为什么他又不到北京去，这就涉及我讲的第二个问题。第一个问题我讲了陈先生是一个真正的中国人，重点在"真正"，三代爱国还不"真正"吗？这第二个问题讲陈先生是一个真正的中国知识分子。

我自己作为一个中国的知识分子，也做了有80年了，有一点体会。中国这个国家呢，从历史上讲始终处于别人的压迫之下，当时是敌人现在可能不是了，不过也没法算，你说他们现在跑到哪里去了，谁知道。世界上哪有血统完全纯粹的人！没有。我们身上流的都是混血，广州还好一点，广东胡血少。我说陈先生为什么不到北京去？大家都知道，周总理、陈毅、郭沫若他们都希望陈先生到北方去，还派了一位陈先生的弟子来动员，陈先生没有去，提出的条件大家都知道，我也就不复述了。到了1994年，作为一个中国的知识分子，我写过一篇文章：《一个老知识分子的心声》，我说中国的知识分子由于历史条件决定有两个特点，第一个爱国，刚才我已讲过了；第二个骨头硬，硬骨头，骨头硬并不容易。毛泽东赞扬鲁迅，说鲁迅的骨头最硬，这是中国知识分子的优良传统。

三国时祢衡骂曹操。章太炎骂袁世凯，大家都知道，章太炎挂着大勋章，赤脚，到新华门前骂袁世凯，他那时就不想活着回来。袁世凯这个人很狡猾，未敢怎么样。中国知识分子的这种硬骨头，这种精神，据我了解，欧洲好像也不大提倡。我在欧洲呆了多年，有一点发言权，不过也不是百分之百的正确。所以，爱国是中国知识分子几千年来的一个传统，硬骨头又是一个传统。

陈先生不到北京，是不是表示他的骨头硬，若然，这下就出问题了：你应不应该啊？你针对谁啊？你对我们中华人民共和国骨头硬吗？我们50年代的党员提倡做驯服的工具，不允许硬，难道不对吗？所以，中国的问题很复杂。

我举两个例子，都是我的老师，一个是金岳霖先生，清华园时期我跟他上过课；一个是汤用彤先生，到北大后我听过他的课，我当时是系主任。这是北方的两位，还可以举出其他很多先生，南方的就是陈寅恪先生。

金岳霖先生是伟大的学者，伟大的哲学家，他平常非常随便，后来他在政协呆了很多年，我与金岳霖先生同时呆了十几年，开会时常在一起，同在一组，说说话，非常随便。有一次开会，金岳霖先生非常严肃地作自我批评，绝不是开玩笑的，什么原因呢？原来他买了一张古画，不知是唐伯虎的还是祝枝山的，不清楚，他说这不应该，现在革命了，买画是不对的，玩物丧志，我这个知识分子应该做深刻的自我批评，深挖灵魂中的资产阶级思想，不是开玩笑，真的！当时我也有点不明白，因为我的脑袋也是驯服的工具，我也有点吃惊,我想金先生怎么这样呢,这样表现呢?

汤用彤先生也是伟大学者,后来年纪大了,坐着轮椅,我有时候见着他,他和别人说话,总讲共产党救了我,我感谢党对我的改造、培养;他说,现在我病了,党又关怀我,所以我感谢党的改造、培养、关怀,他也是非常真诚的。金岳霖、汤用彤先生不会讲假话的,那么对照一下,陈先生怎么样呢?我不说了。我想到了孟子说的几句话:"富贵不能淫,贫贱不能移,威武不能屈,此之谓大丈夫。"

陈先生真够得上一个"大丈夫"。

现在有个问题搞不清楚,什么问题呢?究竟是陈先生正确呢,还是金岳霖、汤用彤先生和一大批先生正确呢?我提出来,大家可以研究研究,现在比较清楚了。改革开放以后,知识分子脑筋中的紧箍咒少了,感觉舒服了,可是50年代的这么两个例子,大家评论一下。像我这样的例子,我也不会讲假话,我也不肯讲假话,不过我认为我与金岳霖先生一派,与汤用彤先生一派,这一点无可怀疑。到了1958年"大跃进",说一亩地产十万斤,当时苏联报纸就讲一亩地产十万斤的话,粮食要堆一米厚,加起麦秆来更高,于理不通的。"人有多大胆,地有多大产",完全是荒谬的,当时我却非常真诚,像我这样的人当时被哄了一大批。我非常真诚,我并不后悔,因为一个人认识自己非常困难,认识社会也不容易。

我常常讲,我这个人不是"不知不觉",更不是"先知先觉",而是"后知后觉",我对什么事情的认识,总比别人晚一步。今天我就把我最近想的与知识分子有关的问题提出来,让大家考虑考虑，我没有答案。我的行动证明我是金岳霖先生一派、汤用彤先生一派，这一派今天正确不正确，我也不说，请大家考虑。

现在，我的发言结束了，谢谢大家。

1999年11月

爱国与奉献

最近清华大学和北京同方文化发展有限公司共同推出了大型电视专题片《我愿以身许国》暨《科学家的故事》。我参加了首映式。前者讲的是两弹一星23位科学家的故事，后者讲的是中国其他将近一百位科学家的故事，二者实相联系，合成一体。我看了后大为兴奋，大为震动，大为欣悦，大为感激，简直想手舞足蹈了。我们要感谢以顾秉林校长为首的清华大学的校领导，感谢同方文化发展有限公司的徐林旗总经理。没有他们的努力，这两部电视片是完成不了的。我欢呼这部优秀的电视专题片的诞生。我相信，将来当这部电视片在全国放映的时候，会有成千上万的观众参加到我们欢呼的行列里来的。

这两部片子的意义何在呢？

我归纳为两点：爱国与奉献。以爱国主义的情操来推动奉献精神；以奉献的实际行动来表达爱国主义的情操。二者紧密相联，否则爱国主义只是一句空话，而奉献则成为无源之水，无本之木。

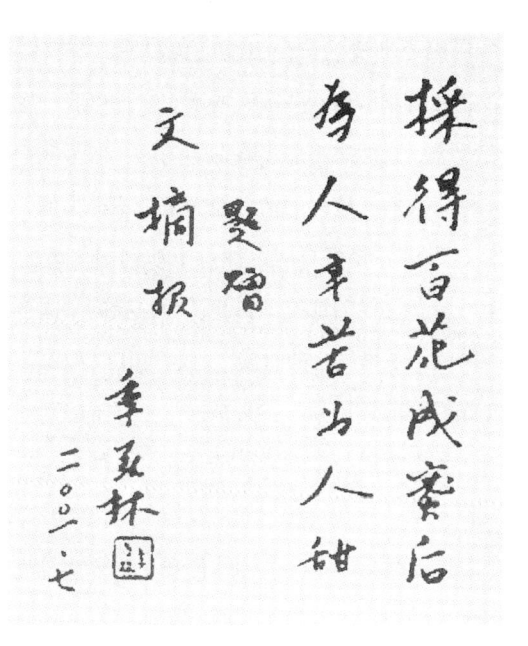

> 採得百花成蜜后
> 为人幸苦为人甜
> 文摘报
> 竖曾
> 季羡林
> 二〇〇一.七

爱国主义是中华民族的优秀传统，历数千年而未衰。原因是中国历代都有外敌窥伺，屠我人民，占吾土地，从而激起了我们民族的爱国义愤，奋起抵抗，前赴后继，保存了我们国家的领土完整，维护了我们人民的生命安全，一直到了今天。

到了今天，我们国家虽然仍然处于发展中国家行列中，但是早已换了人间，我们在众多方面取得了令人瞩目的成绩，在全世界普遍的经济不景气的气氛中，我们却一枝独秀。我们国家在世界民族之林中的地位日益崇高。没有我国的参加，世界上任何重大问题都是解决不了的。在这样的情况下还有必要大声疾呼地提倡爱国主义吗？

我的意见是：有必要，而且比以前更迫切。我们目前的处境是，从一个弱国逐渐变为一个强国。我们是一个有13亿人口的大国。这种转变会引起周边一些国家的不安。虽然我们国家的历届领导人都昭告天下：我们决不会侵略别的国家，但是我们也决不会听任别的国家侵略我们。这样的话，他们是听不进去的。特别是那一个狂舞大棒，以世界警察自居，肆意干涉别国内政的大国，更是视我为眼中钉。在这样的情况下，我认为，我们"国歌"中的一句话："中华民族到了最危急的时候"，还有其现实的意义。

因此，我们眼前发扬爱国主义精神，不但不能削弱，而且更应加强。我们还要把爱国与奉献紧密结合起来。如果没有两弹一星的元勋们的无私奉献精神和行动，如果我们今天仍然没有两弹一星，我们的日子怎样过呀！那一个大国能像现在这样比较克制吗？说不定踏上我国土地的不仅是20世纪三四十年代打着膏药旗的侵略者，还会有打着另外一种旗帜的侵略者。

想到这里，我们不能不缅怀23位两弹一星的元勋们以及他们的助手们的丰功伟绩。他们长期从家中"失踪"，隐姓埋名，躲到沙漠深处，战严寒，斗酷暑，忍受风沙的袭击，奋发图强，终于制造出来了两弹一星，成了中国人民的新的万里长城。他们把爱国与奉献紧密地结合起来。他们是我们学习的楷模。我是不是过分夸大了两弹一星的作用呢？决不是。以那个大国为首的力图阻碍我们前进的国家，都是唯武器论者。他们怕的只是你手中的真家伙。希望我们全国人民认真学习两弹一星的元勋们，也把爱国与奉献紧密结合起来。我们将成为世界大国是历史的必然，是谁也阻挡不住的。

2002年5月2日

再谈爱国主义

　　爱国主义这样一个题目,不知道有多少人写了文章,做过发言。我自己在过去的一些文章中也曾谈到过这个题目。如果说我对这个题目有什么贡献的话,那就是,我曾指出来,不要一看爱国主义就认为是好东西。爱国主义有两种:一种是正义的爱国主义,一种是邪恶的爱国主义。日寇侵华时中日两国都高呼爱国,其根本区别就在于一个是正义的,一个是邪恶的。如果有人已经做过这样的论断,那就怪我老朽昏庸,孤陋寡闻,务请普天下大方家原谅则个。

　　我既不是哲学家,也不是思想家,但好胡思乱想。俗话说:愚者千虑,必有一得。我希望,这一句话能在我身上兑现。简短直说,我想从国籍这个角度上来探讨爱国主义。按现在的国际惯例,每个人都必须有一个国籍。听说有人有双国籍,情况不明,这里不谈。国际法大概允许无国籍。二战期间,我滞留德国。中国南京汪伪政府派去了大使。我是绝对不能与汉奸沾边的,我同张维到德国警察局去宣布自己无国籍。

爱国的国字，如果孤立起来看，是一个模糊名词。哪里的国？谁的国？都不清楚。但是，一旦同国籍联系在一起，就十分清楚了。国就是这个国籍的国。再讲爱国的话，指的就是爱你这个国籍的国。

如果一个国家热爱和平，决不想侵略、剥削、压迫、屠杀别的国家，愿意同别的国家和平共处。这样的国家是值得爱的，非爱不行的。这样的爱国主义就是我上面所说的正义的爱国主义。反之，如果一个国家，特别是它的领导人，专心致志地侵略别的国家，征服别的国家，最终统一全球，天上天下，唯我独尊。这样的国家是绝对不能爱的，爱它就成了统治者的帮凶。爱国主义与国际主义是相通的，是互有联系的。保卫世界和平是两者共同的愿望。

要举具体的例子嘛，就在眼前。二战期间，西方一个德国，领袖是希特勒。东方一个日本，头子是东条英机。两国在屠杀别国人民的时候，都狂呼爱国主义。这当然就是我上面所说的邪恶的爱国主义。两个国家、两个头子的下场是众所周知的。

这种情况已经是"俱往矣"。然而到了今天，居然还有一个大国，亦步亦趋地步希特勒、东条英机的后尘，手舞大棒，飞扬跋扈，驻军遍世界，航空母舰游弋于几大洋。明明知道，别的国家是不可能从外面进攻它的，却偏搞什么导弹防御系统。任何国家屁大的事，它都要过问。不经过它的批准，就是非圣无法。联合国它根本看不起，它就是天下的主人。

有这个国家国籍的人们的爱国主义怎样表现?这个国家,特别是它的领导人值不值得爱?这是有这个国家国籍的人们要慎重考虑的问题。我一个局外人不敢越俎代庖。

2002年12月27日